Eurus

Notus

池内　了
Satoru Ikeuchi

科学者と軍事研究

Boreus

Zephyrus

岩波新書
1694

はじめに

前著の『科学者と戦争』を出して以来、一年半経った。この間に、私は、北は北海道から南は鹿児島まで、五〇回以上「軍学共同」「大学の軍事研究」「科学の軍事化」などをキーワードとする講演を行なってきた。おかげで「軍学共同」についての定義「「軍」セクターである防衛省(防衛装備庁)と「学」セクターである大学や公的研究機関(以下、大学等と略称する)とが共同して、軍事装備品の開発を目的として、情報交換・アイデアの提供・基礎研究や開発研究の実施などを行なう」が、一般市民の間にも浸透してきた。私は、この定義を述べるときには、必ず「共同というと対等な関係のように見えますが、実際には「軍」がスポンサーとなって「学」を軍事開発の下請け機関化することに他ありません」と付け加えている。具体的に言えば、「「学」が人類の幸福のために培ってきた知的成果や知的財産を、「軍」が豊富な資金力を利用して、軍事利用のために独占すること」ということになるだろうか。

本書では、二〇一五年に発足した「安全保障技術研究推進制度」を中心とする軍学共同の、その後の二年間足らずの間の状況を報告するとともに、より広く進展している日本の科学の軍事化の状況、日本学術会議の議論や「声明」の発出の経過、イノベーションばかりを強調する日本の科学技術政策の現状、などをまとめる。さらに、軍学共同を拒む大学がある一方、受け入れようとする大学が存在する(今後、増えていく可能性がある)ことも含め、大学(特に国立大学)の置かれた実情について報告する。今、大学は国家から求められる厳しい競争環境の下で、国民の公共財としての知の生産と継承を行なう「知の共同体」から、経済論理に隷属してもっぱら知を消費財として商品化する「知の企業体」と化しつつある。その背景には「大学改革」という名の行政からの「改革」の押しつけがあり、端的には大学の財政逼迫の問題として現れている。そこに付け込んで「軍学共同」が大学に入りつつあり、また産学官連携に軍学共同が合体して軍産学複合体形成が大きく進む情勢である。

そもそも、このように軍学共同が急進展するきっかけになったのは、二〇一三年一二月一七日になされた安倍内閣の、今後の総合的安全保障戦略を宣言した三つの閣議決定である。その一つは「国家安全保障戦略」で、「デュアル・ユース技術を含め、一層の技術の振興を促し、我が国の技術力の強化を図る必要がある」とし、「産学官の力を結集させて、安全保障分野においても有効に活用するように努め」るとした。まさに、ここに産学官連携と軍学共同との統合をデュアルユース（軍民両用）技術を通じて進めるという国家戦略が示されている。二つ目は、その戦略の下で出された「平成二六年以降に係る防衛計画の大綱」についてで、そこには「大学や研究機関との連携の充実等により、防衛にも応用可能な技術（デュアルユース技術）の積極的な活用に努める」と、具体的に「軍」と「学」セクターとの連携について踏み込んで書かれている。そして三つ目の「中期防衛力整備計画」では、上記二つの文書で明記された「産学官の力を結集させ……」と「大学や研究機関との連携……」の部分を繰り返しており、具体的な防衛力の整備計画に反映させようとしているのである。

この閣議決定を受けて、二〇一四年六月に防衛省より出された「防衛生産・技術基盤戦略」において提起されたのが「防衛装備品の適用面から着目される大学、独法の研究機関や企業等における将来有望である目出し研究を育成するため、防衛省独自のファンディング制度」である。これが二〇一四年夏に「安全保障技術研究推進制度」として防衛省から概算要求された委託研究制度で、二〇億円の要求が財務省で三億円に削られたのだが、二〇一五年度から発足することになった。そして一六年度には六億円に倍増され、一七年度にはなんと一一〇億円と大幅に拡充された。その経緯については第1章で述べるが、まさに安倍晋三流の「積極的平和主義」の下での軍拡路線展開の一翼と言える。

これに対し、日本学術会議が二〇一六年五月に「安全保障と学術に関する検討委員会」を発足させ、精力的に会議を開催して防衛省の制度を始めとして、多角的に学術機関と軍事研究の関わりについて検討した。その第六回には私も参考人として招致され、防衛省の官僚たちと舌戦を繰り広げた。最終的に、一七年三月二四日に日本学術会議として軍事研究に関わる五〇年ぶりの「軍事的安全保障研究に関する声明」を発出し、四月一三日には「声明」に付属する「報告　軍事的安全保障研究について」を採択して、政府・防衛省が進める軍学共同路線に対して基本的に拒否の態度を明らかにした。第2章には、この間の経過と「声明」「報告」の中身について詳しく解説する。

他方、防衛装備庁のこの委託研究制度とは独立した形で、既に進んでいる日本の科学の軍事化について第3章でまとめる。気が付かないうちに、いろんな面で防衛省や軍事機関と大学の間の協力関係が強化されており、もはや後戻りができないくらい深い結びつきとなっているのである。その際たるものは米軍との連携関係で、五〇年以上前から指摘されてきたのだが、今もなおさまざまな形で継続している。なぜ日本の研究者は米軍の資金に群がるのか、米軍の狙いはどこにあるのか、を考えねばならない。一方、日本の政府・産業界は第四次産業革命論の掛け声の下、科学技術のイノベーションを煽り、産学共同をいっそう強化し、海外との武器の共同生産や武器輸出を本格化させようとしている。そのような科学技術政策の中での「学」における軍事研究の推進である状況についてもまとめている。

第4章では、軍事研究に対して出されている研究者の側の許容論について議論を整理する。研究費現状においては、日本の研究者は研究費に対して無節操になっているのは事実だろう。研究費の逼迫があり(分野が変われば研究費の大盤振る舞いもあるのだが)、経済的論理が研究現場に浸透し、競争原理がどんどん厳しくなっている現状において、常に研究に追い立てられ、ゆっくり自らを客観視する余裕を失っているからだ。しかし、それだけでは軍事研究に走る理由を全て説明しきれない。デュアルユースに対する意図的誤解や安直な自衛論を盾にして、軍事研究を合理化しようとする意見も強くなっていることがある。それに加えて、当面軍事研究のターゲットになっている工学系分野の研究者が置かれている実情について検討する必要もある。この分野では産学共同で研究費については一定潤っているのだが、それでは安心できず、さらに研究資金を確保しようとしているというのが実情であるからだ。彼らは期日が切られた研究に常に心理的に追い詰められていると言える。それは現在の大学の置かれた状況と類似している。そのことについて考えてみたい。

今、科学と大学を取り巻く状況は非常に深刻になっており、このまま続くと日本の科学のみならず学術全体の実力低下は確実に起こるだろう。そして、それが日本の国力を衰えさせていくことは言うまでもない。そのような危機的状況を知る中で、じっくり考え、そして何らかの対処の方策を共に議論する材料として本書が活かされれば幸いである。

目次

はじめに

第4章　研究者の軍事研究推進論

第1章　安全保障技術研究推進制度について

前著『科学者と戦争』では、防衛装備庁が創設した「安全保障技術研究推進制度」の二〇一六年度の公募段階まで述べた。現在ではすでに二〇一七年度の採択結果が発表されているが、以下では、まず二〇一六年度の応募・採択状況を取りまとめ、二〇一五年度からどのように変化したかを振り返る。その後、二〇一七年度の結果を議論する。というのは、二〇一七年度の応募・採択状況は、過去二年間の実績とは大きく異なっており、別個に論じた方がよいと判断したためである。実際、最初の二年間の結果は多くの点で示唆的であり、装備庁の隠された意図が見えるし、また私たちの運動との関連も議論できるからだ。

二〇一五年度と一六年度との最大の変化は、二〇一五年度には一〇九件もあった応募数が一六年度には半分以下の四四件に激減したことで、これには防衛省も相当慌てたであろうと推測される。というのは、二〇一六年の五月に自民党国防部会がこの予算を一〇〇億円に増やすようぶち上げ、六月に安倍首相にも直談判しており、応募が減るような事態となっては言い訳ができないためである。このこともあってか、七月の参議院選挙で大勝した安倍首相は内閣改造を行ない、自民党の国防部会長であった議員を財務副大臣に任命した。これに呼応するかのように防衛省は一一〇億円もの概算要求を行ない、財務省に満額を措置させることに成功したのである。単純な茶番劇なのだが、この間の経緯を振り返るとともに、安倍首相の軍拡路線に便乗して防衛省が進めようとしている長期戦略について述べる。

続いて、二〇一六年度の採択結果の特徴をまとめ、一五年度と比較する。この二年間の採択の狙いは本質的に同じであり、防衛装備庁がどのような軍事開発に力点を入れようとしているかを推測することができる。同時に、この制度を確固としたものにするため、大きな大学からの応募を優先していることと、採択された研究機関を眺めると審査員の意向がかなり強く反映していることが読み取れる。

そして、一一〇億円もの予算増となった二〇一七年度の応募と審査の結果についてまとめる。まず、大きく改訂して出された公募要領の修正点について論評する。二〇一六年度に応募者が激減したことを踏まえ、防衛装備庁はさらに低姿勢になり、かつ募集テーマも防衛装備品という要素すらも薄めて応募し易い雰囲気づくりに躍起なのである。また、応募締め切り期日を研究者個人は五月末、機関長の承認印は六月末と一カ月ずらしていることが注目される。やはり一件二〇億円という大口の研究項目を設けたため、それに支障をきたさないよう気を遣っているのだろう。応募結果を見れば、大学からの応募は二〇一六年度並みに減少したままであるが、企業等からの応募が倍増していることにとくに目が惹かれる。そのことも反映したのか、企業等からの採択が九件もあるのに、大学からの採択はゼロであり、なんとか分担研究機関として五大学がリストされているのみである。そのような採択結果も含め、装備庁がどのようなことを考えているかをまとめる。

1　過去二年間の応募・採択の推移

激減した二〇一六年度の応募

まず、表1で「安全保障技術研究推進制度」の二〇一五年度と二〇一六年度の概要を対比しておく。一件当たりでは上限三〇〇〇万円だから(他に間接経費三〇%が付加される)一年で一〇件(三億円)程度採択し、翌年からは継続分(三カ年度以内が原則)が加わるため予算が累積することになる。だから、二〇一六年度は総予算が倍増されて六億円になったのだが、新規の採択はやはり一〇件(三億円)程度である。表1に見るように、応募総数が半減以下となっても採択数は変化しなかったため、一年目の二〇一五年度と比べて二〇一六年度の競争率が大きく下がったことになる。

表１　2015 年度と 2016 年度の応募・採択状況の比較

	金　額	応募総数	採択数	（採択数／応募数） 大学	公的研究機関	企業
2015 年度	3 億円	109	9	4／58	3／22	2／29
2016 年度	6 億円	44	10	5／23	3／11	2／10

二〇一六年度では、一年目に比べてこの制度の存在はより広く知れ渡っただろうし、第一回目に多くの大学からの応募があったこともわかったのだから、応募することについての研究者の心理的な障害は減ったはずである。また一般に、一年目に応募して採択されなかった研究者は、その次の年度も応募するのが普通である。応募書類を新たにゼロから書く必要がなく、少しの手直しで再応募できるからだ。それにもかかわらず応募者数は激減したのだ。再応募した研究者も非常に少なく、ほとんどが応募を控えたことは確かである。なぜだろうか？

激減の理由

理由はいくつか考えられる。まず、自己満足かもしれないが、私たち「軍学共同反対アピール署名の会」（以下、「アピール署名の会」）と野田隆三郎岡山大学名誉教授が代表をされている「大学の軍事研究に反対する会」（以下、「反対する会」）が合同して「軍学共同反対連絡会」を二〇一五年四月末に結成し、反対運動を繰り広げたことがそれなりに功を奏したのかもしれない。講演会、シンポジウム、記者会見、応募大学への抗議、街頭でのシール投票など、この問題を多くの市民に知らせ、大学が軍事研究に手を染めてよいものかと問いかけたのである。

最初、市民の反応は、大学の研究者に関わることであって自分たちには縁遠い問題と比較的関心が薄かった。しかし、自分の子どもや孫が入学(を希望)する大学で軍事研究が行なわれる可能性があり、自分たちもそれに巻き込まれていくのではないかという警戒心が高まってくるに従い、賛同する人が増えていったのである。

「アピール署名の会」は主として研究者向けのインターネット署名に力を入れていた(市民からの署名も多くあった)が、「反対する会」は応募大学に抗議に赴くなどの直接行動で広く支持を得ていた。これら二つの団体が合同してから、スタンディングや街頭活動などにも力を入れ、広く顔を見せて活動するようになったのである(なお、「「戦争と医」の倫理の検証を進める会」(代表:西山勝夫滋賀医科大学名誉教授)も加わって、二〇一六年九月に三団体が合同して「軍学共同反対連絡会」を発足させ、現在まで継続して活動している)。

二つ目の理由は、節目ごとに連絡会として「声明」を発表する一方、それを記者会見という形で公表することで、マスコミのいくつか(東京、毎日、朝日の各新聞社)が軍学共同問題に関心を抱いて、批判的見解を広く伝えたことである。マスコミは、一般市民が軍事研究に批判的であることを敏感に察知し、それに寄り添うような報道を続けたのだ。さらに心強かったのはマスコミのローカル版や地方紙の報道で、地域で私たちの仲間が大学への申し入れや抗議を行なった際、小さなスペースでもニュースとして流したことである。人々は自然のうちに、自分の身近にある大学に誇りを持ち、いい大学であって欲しいと願っている。だから大学に関わるニュースには敏感であり、軍事研究に関係しようものなら、「せっかく応援しているのに、なぜ軍事に手を出すのか」と感じ抗議したくなるのが普通である。そのような抗議の声が大学に集中すると、大学としてもおおっぴらに軍事研究を行なうというわけにはいかなくなる。軍事研究とは、まさに政府や軍という中央が地域の教育・研究の成果をむしり取っていくことだから、地方からの反発は根強いのである。

応募数激減の理由の三つ目は、二〇一五年の五月から九月にかけて「安保法制（戦争法）反対」の声が全国的に広がり、一五〇を超える大学において「有志の会」や「連絡会」が結成されて反対運動が盛り上がったことを指摘しておかねばならない。日本国憲法の主要な柱である立憲主義・平和主義・民主主義が危機に直面しているとの認識が共有され、幅広い人々が立ち上がったのである。そのような雰囲気のなかで、いわばそれとは正反対の軍事協力への加担は、世間の動きには疎い工学系の研究者であってもできなかったのだろう。安倍内閣の強引な軍事拡張路線を目の当たりにする一方、憲法の平和主義の理念は曲がりなりにも日常の研究現場では生きており、それに公然と背く行動を取りにくかったのである。そのことは企業からの応募でさえ激減したことからもうかがえる。

つまり、研究者の仲間が反対運動を行なっている、一般市民の(特に地元市民の)批判的な眼がある、戦争反対への国民の声が響いている、そのような状況が常に作られていると、さすがに研究者も軍事研究を積極的に行なうことを躊躇するのである。むろん、第4章で述べるように、国家の安全のため、自衛のため、研究費獲得のため、科学技術の発展のため、「軍事は発明の母」と考えるため、などの理由から軍事研究に踏み込むことを当然とする研究者がいることは事実である。そのような研究者を説得することはなかなか困難なのだが、少なくとも軍事研究に対して疑問を持ったり、躊躇したり、二の足を踏んだりしている研究者に対して、常に働きかけをしていくことは大事であると思っている。

過去二年間の採択課題

表2に、二〇一六年度に採択された一〇件の課題について、研究課題名・その概要および研究代表者名と所属機関をまとめておく。どのようなテーマが採択されたかを見ることで、防衛

装備庁の思惑は何かを探るためである。

前著にまとめた二〇一五年度の採択課題と見比べると、いくつか共通するテーマが採択されていることに気づく。一つは、二〇一五年度に「海中ワイヤレス電力伝送技術開発」と「光電子増倍管を用いた適応型水中無線通信の研究」が採択され、二〇一六年度には「海中での長距離・大容量伝送が可能な小型・広帯域海中アンテナの研究」が採択されていることだ。これらは、水中(海中)において通信線を使わない(無線)で情報伝達や電力伝送を行なうための技術開発である。今、偵察機や爆撃機など航空機のドローン化(無人でAIによる操縦)が進んでいるが、いずれ水中での無人艇(兵器で言えば、潜水艦や水雷など)の開発を考えているのではないかと思われる。無人艇の開発は防衛装備庁と海洋研究開発機構(JAMSTEC)との間で「技術協力」が行なわれており、水中艇への情報の伝達やエネルギー(電力)輸送のための技術が求められているのだろう。二〇〇四年以来、防衛装備庁が大学や研究機関との間で技術情報の交換と銘打ち、「研究協力協定」を結んで行なっているのが「技術協力」である。一一〇頁に現在進行中の「技術協力」の一覧を示している。情報交換が主であるためか、現時点では予算の計上が成されていない。

さらにつけ加えれば、二〇一六年度には「海棲生物の高速泳動に倣う水中移動体の高速化バ

表２　2016年度採択研究課題

研究課題名	概　　要	研究代表者名・所属機関
ゼロフォノンライン励起新型高出力 Yb：YAG セラミックレーザ	発熱損失の少ない励起方式の導入と，実用的且つ安定な YAG レーザの実現	藤田雅之・レーザー総研
吸着能と加水分解反応に対する触媒活性を持つ多孔性ナノ粒子集合体	配位高分子のナノ粒子化集合体による有機分子の吸着・分解材料の実現	山田裕介・大阪市立大学
軽量かつ環境低負荷な熱電材料によるフェイルセーフ熱電池の開発	Mg_2Si 熱電材料を用いたエンジン排熱発電システムへの高耐久化機能の実装	飯田努・東京理科大学
酸化物原子膜を利用した電波特性の制御とクローキング技術への応用	極薄層状結晶の酸化物原子膜を活用した広帯域電波特性の制御の実現	長田実・物材機構
海中での長距離・大容量伝送が可能な小型・広帯域海中アンテナの研究	海中で効率的・実用的な電波通信を可能とする近接場アンテナの開発	山口功・日本電気
超多自由度メッシュロボットによる触覚／力覚提示	手のひらサイズのメッシュロボットの開発と触覚／力覚提示システムの実現	遠山茂樹・東京農工大学
海棲生物の高速泳動に倣う水中移動体の高速化バブルコーティング	水中移動体の表層に塗膜を形成して摩擦抵抗の低減を目指す	内藤昌信・物材機構
マイクロバブルの乱流境界層中への混入による摩擦抵抗の低減	マイクロバブルコーティングによる船体摩擦抵抗低減効果のメカニズム解明	村井祐一・北海道大学
超高温高圧キャビテーション処理による耐クラック性能・耐腐蝕性の向上	ウォータージェットピーニング使用のマイクロ鍛造による金属表面耐久性向上	吉村敏彦・山口東京理科大学
LMD 方式による傾斜機能材料の 3D 造形技術の研究	LMD 方式による金属間化合物発生を抑制した 3D 造形技術の確立	荻村晃示・三菱重工

LMD：レーザー金属堆積

ブルコーティング」は、水中移動体の表面に塗膜を形成して摩擦抵抗を減らす研究であり、「マイクロバブルの乱流境界層中への混入による摩擦抵抗の低減」は、船首から非常に小さな泡(バブル)を噴き出させることによって摩擦抵抗を下げる研究で、いずれも水中移動体(潜水艦、輸送船、探索船、水雷など)への水の摩擦を減らすことに主眼がある。現在の安全保障戦略はいかに空(宇宙)と海(水中)の情報を把握して自軍の支配下におくかにあり、空は宇宙航空研究開発機構(JAXA)との、海は海洋研究開発機構(JAMSTEC)との「研究協力」を強化しているのだが、この委託研究制度でも(無人)水中移動体に関する研究に力を入れていることがわかる。

目につくのは、二〇一五年度に「超高吸着性ポリマーナノファイバー有害ガス吸着シートの開発」があり、二〇一六年度には「吸着能と加水分解反応に対する触媒活性を持つ多孔性ナノ粒子集合体」が採択されていることである。いずれもナノ粒子の特性を活かして有毒ガス(化学物質)を吸着・分解する物質を開発しようというもので、この物質をヘルメットや防毒マスクの表面に塗っておけば、テロ戦争で敵のゲリラたちが使いかねない有毒ガスを吸着・分解するので被害に遭わないことになる。防衛省は、対テロ戦争を想定して準備をしているのだろう。

もう一つは、ステルス戦闘機への応用を考えた技術開発で、二〇一五年度には「ダークメタマテリアルを用いた等方的広帯域光吸収体」の研究で、光を完全に吸収する特殊な物質の開発を目指し、二〇一六年度では「酸化物原子膜を利用した電波特性の制御とクローキング技術への応用」とする研究で、こちらは広帯域での電波特性の制御を行なうとある。いずれもステルス機のための、光波や電波の反射を低減したり制御したりする物質の開発で、これを戦闘機の胴体や翼に付着させればレーダーに捕捉されにくくなるという特質がある。

以上のように、装備庁は「基礎研究」とは言いつつも、実際の軍事装備に役立つ技術の開発(「技術志向型基礎研究」と呼んでいる)を目指していることがわかる。後に述べるが、官庁用語の「基礎研究」とは「戦略的・要請的な研究」を意味しており、イノベーション創出の戦略とその社会的・経済的な要請に基づく研究のことだから、実は応用研究のことなのである。私たちは基礎研究と言えば、目的や成果のことは気にせず、研究者の熱意と想像力によって新たな分野を生み出すための基礎を形成する自由な研究と思うのだが、それは官庁用語では「学術研究」のことなのである。

2 二〇一七年度の一一〇億円の予算

自民党国防部会の提言

先に少し述べたように自民党の国防部会は、二〇一六年五月一七日に会合を開いて「防衛装備・技術政策に関する提言」をまとめ、六月二日に大塚拓部会長（衆議院議員）が安倍晋三首相を訪ねて、この政策提言を直接首相に手渡している。この提言にはいくつかの軍学共同に関わる重要項目が含まれており、実際に安倍首相が「しっかり政府で動くように指示していきたい」と応じているように、軍拡路線を推進していくための指針となっていると言えるだろう。

提言にあるのは、以下の三つの項目である。

（１）安全保障技術に関する司令塔機能等の構築：　総合科学技術・イノベーション会議（ＣＳＴＩ）に防衛大臣を正式メンバーとして加え、ＣＳＴＩにおける重要課題として国家安全保障を位置付けること。さらに有職者による国防科学委員会（Defense Science Board）を設立し、アメリカで行なわれているように専門家による科学・国防技術・軍事作戦・兵器製造・装備調達など国防政策に関する助言・勧告を行なわせること。

（２）「技術的優越」を確保するための戦略的な研究開発の推進：　無人装備や誘導兵器等の研究開発ビジョンを策定すること。さらに、武器研究のための「安全保障技術研究推進制度」を一〇〇億円規模に大幅拡充し、大学や民間企業を軍事研究に動員すること。

（3）装備品の国際化への戦略的対応：兵器生産技術の民間転用（技術のデュアルユース化）と海外移転（海外との共同開発）を念頭においた装備開発の推進と、海外での武器の開発・生産に日本企業が参画すること、つまり武器の生産・輸出のための環境を整備するために、「防衛装備移転三原則」を積極的に活用すること。

おそらくこの提言に後押しされたのであろう、防衛省は二〇一七年度概算要求（八月三一日締切）に対し五兆一千億円を超える予算を提出し、その中で「安全保障技術研究推進制度」として一一〇億円を要求した。応募件数が激減したにもかかわらず、二〇一六年度の六億円に対して一六倍以上もの増額要求で、折しも日本学術会議でこの制度に関する議論が開始されていたこともあり、「札束で学者の頬っぺたを叩いて一気に応募者増を狙った」ものだと思わざるを得ない。一件当たり数十億円の予算を措置して五年間の継続を可能とし、継続期間が過ぎても再度応募が可能な制度とするよう要求したのである。

「技術的優越」と「死の谷」

このような大口予算で軍事装備品の開発研究に当たらせようとする背景には、当然防衛装備庁の思惑がある。それが右の二つ目の項目に掲げられた「技術的優越」の確保であり、さらに装備開発における「死の谷」の克服があると思われる。

「技術的優越（優位）」とは、わかりやすい喩えを使えば次のようなことである。敵味方がどちらも一〇〇mまでは命中精度が高くて信頼できる大砲を持っていて、睨み合っているとしよう。このとき互いに一〇〇m以内に近づかない限りは安全であり、大きな被害は出ない。言い換えれば、その距離を保っている限り敵味方の優劣はつかないわけである。しかし、味方が一〇mだけ遠くから撃っても命中する大砲を作り出したとしよう。そうすると、味方は一〇〇mから一〇m分だけ下がって砲撃しても敵をやっつけられるが、敵の大砲は一〇〇mしか飛ばないから味方の陣地には届かず被害はない。つまり、一〇〇mのたった一割性能が上がるだけで、味方は損害を一切出さずに敵を凌駕することができるのである。ほんの少し武器の技術的能力が「優越」しただけなのだが、戦場の帰趨を決定的にしてしまう可能性があるというわけだ。軍は常にこのような「技術的優越」を達成する武器を求めており、そのための研究を常時行なっているのである（そして、いったん劣った武器となってしまえば、情け容赦なく捨てられ更新されてしまう）。

以上は、ごく単純な「技術的優越」のケースだが、より本格的な武器の開発では「ゲームチェンジャー」と呼ばれる、戦場の様相を一気に転換させてしまうような新技術が絶えず追求されている。いわば「武器のイノベーション」を求めているのである。わざわざ大学や企業の研究者に、将来の装備品の開発を行なう「基礎研究」のための「安全保障技術研究推進制度」を創設したのも、そのようなイノベーションの萌芽を探るための方策であることは明らかだろう。

さらに、この武器開発の現場に「死の谷」と呼ばれる難関が控えているという経験則がある。いかなる技術開発でもそうなのだが、基礎的なアイデアの提案やモデルの提示の段階では理想的に作動するし、シミュレーションを行なっても巧くいくのだが、いざ実際の実用的モデルに組み上げようとすると、途端に思いがけない多くの困難が生じてストップしてしまうことが多い。出発点の思い付きは良いのだが、現実の製品として実作しようとすれば行き詰まってしまうのである。このギャップが技術開発における「死の谷」と呼ばれているもので、その谷をいかに飛び越えるかが新技術の成功如何にとって重要なカギになる。武器開発も例外ではないのである。

おそらく、「安全保障技術研究推進制度」で提案される軍事開発のアイデアでは有望なものが多くあるだろうが、「死の谷」を越えて実際に試作できる段階にまで到達しないものばかりなら意味がない。だから、「死の谷」の存在をはっきり意識して研究を行なうとともに、それを一気に飛び越えるための費用まで見込んだ開発費を提供しよう、そう考えたのがこの大口の概算要求ではないかと推測できる。防衛省は自民党国防部会の提言を渡りに船として便乗したのである。

その提言通りの予算の大幅増をもたらした黒幕は安倍首相である。自民党国防部会長として国家安全保障政策をぶち上げて、上記の三点について提言の旗振りをした大塚拓衆議院議員を、参議院選挙後の内閣改造で財務省の副大臣として抜擢したからだ。副大臣と言えば直接官僚と渡り合って自分の意見を通すことができるし、財務省であれば数百億円の規模なら副大臣の権限で左右できる。こうして、大塚副大臣が実際の予算査定において、防衛省からの「安全保障技術研究推進制度」の概算要求一一〇億円を二〇一七年度予算として満額認めることにしたのだろうと推測できる。いわば防衛省と安倍首相と大塚副大臣の三者が共謀して予算を決定した茶番劇のようなもので、不透明なこと極まりない。

3 二〇一七年度の募集

公募要領の問題点

「安全保障技術研究推進制度」の二〇一七年度の募集は二〇一七年の三月二九日から始まり、その公募要領が防衛装備庁より国会の予算成立を待って交付された。二〇一五年度、一六年度の公募要領と比べて大きく変更が加えられた部分が多くあり、まずこれらの変更点についてまとめておこう。応募者に軍事研究に巻き込まれるという懸念を抱かせない慎重な表現をするよう工夫しつつ、しかし防衛装備庁として押さえておくべき本音の部分も忘れずに書き込んでおり、防衛装備庁が用意周到に考えて公募していることが読み取れる。

まず、公募要領の表紙に、以下の四つの事項について、目立つように背景を黄色に塗り潰し、その上に赤字で麗々しく

「本制度の運営においては、

●受託者による研究成果の公表を制限することはありません。

●特定秘密を始めとする秘密を受託者に提供することはありません。

・研究成果を特定秘密を始めとする秘密に指定することはありません。
・プログラムオフィサーが研究内容に介入することはありません。」

と書いているのである。なぜ、こんな注釈を最初に掲げたのだろうか？

第2章で詳しく述べるが、実は、二〇一六年一一月一八日に開催された日本学術会議の「安全保障と学術に関する検討委員会」の第六回会議で、私は参考人として意見を述べるとともに、防衛装備庁からの参考人と論戦した。そのとき、成果の公開についての文章に一貫性がないことと、特定秘密保護法との関係について一切の言及がないことを指摘したのである。装備庁の参考人はすぐに応えられず、後日それへの対応をまとめた上で(一二月二二日付き文章)、公募要領の表紙に掲載したのであった。私が指摘した点は多くの研究者も抱いている疑義であり、そのことを察知した防衛装備庁は、研究者が抱く疑心暗鬼を払拭するために苦肉の手を打ったのである。

しかし、この文章と公募要領の記述とは必ずしも首尾一貫しているわけではない。そのことを詳しく検証してみよう。

研究成果の公開について

第一項目の研究成果の公開に関しては、これまで出されてきた公募要領・委託契約書・委託契約事務処理要領の各々で異なった文言が使われていた。それらを列挙してみると以下のようであった。

「二〇一六年度の公募要領」
1・1　制度の概要　成果の公開を原則としており……
1・4　本制度のポイント　成果の公開を原則とします。なお、研究期間途中の成果の公開については、事前に防衛装備庁に届けていただくこととしております。
3・3　研究成果の外部への公開手続き　得られた成果について外部への公開が可能です。研究実施期間中の公開にあたっては、その内容について事前に通知していただく必要があります。研究実施者が公表を希望する場合には、担当POと調整の上、発表の前に委託契約事務処理要領に定める「成果公表届」を事務局まで提出してください。

「二〇一五年制定の委託契約事務処理要領」

第三一条（研究成果の発表）　本委託業務の成果を外部に発表しようとする場合には、発表の内容、時期等について、他の当事者（防衛装備庁のこと）の書面による事前の承諾を得るものとする。ただし、正当な理由なくその承諾を拒んではならないものとする。

「二〇一五年委託契約書」

第三五条（研究上の成果の発表又は公開）（委託契約者）は、得られた成果について外部へ発表及び公開にあたっては、その内容についてあらかじめ防衛装備庁経理室長に確認するものとする。

というもので、それぞれ異なった書き方になっていて、応募者としてはどれを指針とすべきかわからないだろう。第一、「成果の公開を原則」とするのと、「外部への公開が可能」というのとはどう違うのだろうか。

結局、採択された場合に配布される「事務処理要領」か「契約書」を参照するのが良さそうなのだが、それでは「他の当事者の書面による事前の承諾を得る」や「あらかじめ装備庁経理室長に確認する」という手続きを経なければならない。成果の公表は簡単ではないのである。

このような一貫性のない記述についてクレームをつけられ、それを認めて、いろいろな文書に統一的な記述をすることにしたらしい。その結果、「二〇一七年度の公募要領」の「1・1制度の趣旨」、「1・4本制度のポイント」、「3・3研究成果の外部への公表手続き」のいずれにおいても「研究成果の公表を制限することはありません」と同じ文章を繰り返しており、統一性があるようにしている。

しかし、1・4では、研究成果の公表の際は「研究の円滑な進捗状況の確認の観点から、あらかじめ防衛装備庁に通知していただくことにしており」と書き、3・3では、「研究実施期間中の公表に当たっては、その概要について研究の進捗を確認する観点から、あらかじめ防衛装備庁に通知していただく必要があります」として、研究の進捗状況の確認のためという理由づけで防衛装備庁に通知する義務を課している。むろん一方的に通知すればよいというものではないであろう。通知すべき相手のプログラムオフィサー(以下、PO)から受領確認を得る必要があり、その時点で公表制限の働きかけがあるかもしれない。つまり、成果の公表にはいちいちPOの目を通し「確認」を得る手続きを経なければならないのである。

なお、3・3においては、「研究実施者が公表する場合には、公表前に委託契約事務処理要領に定める「成果公表届」を事務局まで提出してください」とあるように、成果の公表内容を事前に防衛装備庁が把握しておくことを必須としている。また「二〇一七年二月改訂の事務処理要領」では、「第三六条(研究成果の公表)(研究実施者は)得られた成果を(防衛装備庁担当者)から制限されることなく公表することができる。この場合において、公表する内容は、あらかじめ防衛装備庁に通知するものとする」と、以前(二〇一五年度要領の第三一条)と比べてすっきりした表現になってはいる。しかし、「書面による事前の承認を得る」が「あらかじめ通知する」と形式的にソフトな表現となっただけで、「通知」に求められる内容次第で成果の公開が簡単になったと即断するわけにはいかない。

つまり、どう言い繕おうとも、研究者は公表前にいちいちPOに「通知」しなければならず、完全に自由な発表や成果の公開ができるというわけではないことは明らかなのである。

特定秘密について

四つの事項の第二、第三項目は特定秘密に関わることで、これまでの公募要領に書かれていたのは、例えば、

「二〇一六年度の公募要領1・4本制度のポイント

いかなる場合であっても、特定秘密の保護に関する法律(平成二五年法律一〇八号)第三条に規定する「特定秘密」、あるいは日米相互防衛援助協定等に伴う秘密保護法(昭和二九年法律第一六六号)第一条第三項に規定する「特別防衛秘密」に属する情報が委託先に提供されることはありません」

という文言のみであった。要するに、この制度に採択されたからといって「特定秘密」あるいは「特別防衛秘密」にアクセスすることはできないという点しか、装備庁は考えていなかったのである。

私たちが心配しているのは、この委託制度で開発した研究成果が特定秘密に指定されることである。それを研究者が知らないまま公表した場合、「特定秘密保護法」に触れて秘密漏洩罪で罰せられるのではないかと懸念されるからだ。軍事研究は、武器製作のノウハウに関連するのは当然だから内容を秘密にするのが常識であり、いくら基礎技術といっても装備開発に関わる研究は特定秘密に指定される危険性が高い。装備庁はこのことについて全く考えていなかったのである。

その点を指摘されて、慌てて二〇一七年度の公募要領に「研究成果を特定秘密を始めとする秘密に指定することはありません」との文言を第三項目として付け加え、公募要領の表紙や「1・4本制度のポイント」に目立つように掲げたのである。さらに「1・4(3)研究終了後の協力について」でも、「本制度による委託業務実施の過程で生じたいかなる研究成果についても、特定秘密その他秘密に指定することはありません」と、くどいくらい念を押している。研究者に懸念を指摘されたため、慌てて付け足したことがわかる。

なお、二〇一七年度の公募要領には、「秘密」として定義されるものに、二〇一三年に制定された特定秘密保護法の「特定秘密」と日米間取り決めによる「特別防衛秘密」以外に、「平成一九年に定められた防衛省訓令第三六号「秘密保全に関する訓令」第二条第一項に規定する「秘密」、及び平成二七年に定められた防衛装備庁訓令第二六号「防衛装備庁における秘密保全に関する訓令」第二条第一項に規定する「秘密」」も含まれている。こういうふうに、私たちがほとんど知らない防衛装備庁訓令までずらずら書かれると、新たに「秘密」指定の項目が増えていることがうかがえる。

そもそも、国家や軍が「秘密」条項を多く持つということは、広く国民に知らせるべきことすら秘匿してしまい、非民主的なシステムになっていくことを意味する。やがて、戦前の日本において広がったように、何でもない事柄までも㊙指定をして政府や軍が情報を独占し、それによって国民の統治を強固にすることになるのではないだろうか。もっとも、最近では、保存すべき書類を破棄したとか、始めからそのような書類は存在しなかったとか官僚がヌケヌケと言明し、国民に真実を知らせない手口が広がっており、いっそう危険な状況なのだが。

ところで、「特定秘密を始めとする秘密に指定することはない」と公募要領には書かれているが、果たしてこの言明はどこまで信用できるのだろうか。特定秘密保護法によれば、防衛省は特定秘密を指定できる権限を持つ省庁であり、そこがこの委託制度の成果を軍事技術上重要であると判断し、法律に従って特定秘密に指定すべきと決定すれば、この公募要領に書かれた「約束」など吹っ飛んでしまうのは確実だろう。防衛装備庁は防衛省の一つの部局に過ぎず、防衛省が省議として「秘密指定」したら従わざるを得ないことは明らかであるからだ。

そして特定秘密にされてしまったこと自身も秘密となり、関係する研究者に対して理由を示すことなく、成果の公表どころか研究状況を口外することすら禁じてしまうのではないだろうか。公募要領に書かれているからといって軽々しく「軍」を信用してはならない。端的に言えば、公募要領は研究者の気を惹くための一片の文書に過ぎない。事実、毎年大きく改訂されているのだから、ここで書かれていることがそのままずっと通用するというわけではない。聞こえのよい文言はリップサービスに過ぎないと受け取っておく方が賢明なのである。

ＰＯの介入について

もう一点、私たちが強く気にしたのは、採択された各研究課題に防衛装備庁の担当者（軍事研究を行なっている研究者・技官らしい）がＰＯとして受託研究者に密着することにより、研究計画・研究内容・予算の執行・成果の公表など多くの事柄について、干渉・介入・指図・強制をしてくるのではないかということであった。

むろん、他省庁の競争的資金や産学共同などでも、研究内容をある程度把握している関係者（元研究者が多い）がＰＯとして傍についてアレコレ助言する建前になっている。この場合、ノウハウの探索や発見、そして知的財産（特許）の獲得が目標で、それには当たり外れがある。つまり、「課題を発見しつつ、課題を解決する研究」が主たる狙いであり、その意味では研究者の自由度は大きく、ＰＯが介入する余地が小さい。現実にはほとんど介入しないし、実際あまりトラブルも生じていないと聞く（オープンにされていないだけかもしれないが……）。

これに対して、私たちが防衛装備庁のＰＯについて神経を尖らせるのは以下のような理由である。言うまでもなく、基本的には軍事研究なのだから開発課題の目的が明確であり、必然的に秘密にされやすいことは当然で、そうするための圧力がＰＯを通じて強く働くであろうと予想するためである。まず研究テーマが装備庁から提示され、それに関係する研究開発提案を研究者が出すのだから、明らかに「課題解決優先型研究」なのである。軍事に応用できるという課題目標が明確で、その課題の解決のための研究ターゲットは比較的簡明である。研究者の尻を叩くことで成果が上がりやすいのだ。上記で採択された研究課題を一覧すればそれがおわかりだろう。そのような着地点が見えやすい研究にはＰＯの差配が大きく影響するのである。

二〇一六年度の公募要領にＰＯが言及されているのは、

２・１選考・評価体制の項
研究課題の進捗管理は、本制度の運用全体を総括する者として防衛装備庁の職員であるプログラムディレクター（ＰＤ）の指示の元、プログラムオフィサー（ＰＯ）が中心となって行います。ＰＯも、それぞれの研究テーマ毎に防衛装備庁の研究者から適切な人材が指名されます。研究実施者は、ＰＯと密接な連携を図ることが求められます。また本制度の運営全般の事務等の取扱は、ＰＤの統括の元、事務局である防衛装備庁技術戦略部技術振興官（以下「事務局」という。）が担当します。

と、ものものしく書かれている。

さて、ここで言うＰＯが行なう「研究課題の進捗管理」はいかなるものなのだろうか。装備庁の研究者が指名されるのだから、研究内容に関して「密接な連携を図る」、つまり研究計画や研究内容についてＰＯが口を出すと考えるのが当然だろう。この項目が「選考・評価体制」と書かれており、「進捗管理」が評価と結びついていることが示唆される。あたかもＰＯの仕事内容を暗示しているかのようである。

実際、「３・１研究の進め方」の(１)で、「研究代表者は「業務計画書」に基づいて研究を実施してください。防衛装備庁側の担当者として、ＰＯが研究の進捗管理を実施しますので、協力をお願いします」とあり、計画に従って研究が行なわれているかどうかのチェックが入ると想像するのは当然だろう。さらに、(４)で、

翌年も引き続き継続を予定している研究課題については、ＰＯと調整の上、当該年度の進捗を取りまとめた資料及び翌年度の契約に必要となる「業務計画案」を提出していただきます。これら提出された情報を元に、ＰＤを中心とした部内職員において事業継続の要否を判断し……

とあって、研究を「業務」と見なしており、ＰＯが「業務管理」を厳しく行なうのだろうと予想できる。

研究者は、課題を設定し、それなりのアイデアの下でいったん研究を開始すると、一定の見込みがつくまでは他人からの干渉や介入を好まない。その間の研究過程の自由度が大きいということが、研究という営みで実力を発揮できるための基本条件であり、また研究者としてのやり甲斐でもあるからだ。大学院生の頃は修業時代だから、指導教員からアレコレ意見されるのは当然として、その助言を柔軟に受け入れる。しかし、学位を取り、大学教員や研究員としてしかるべき地位に就き、一人前と自他ともに認める独立研究者となれば、誰からであれ研究内容に口出しされることを嫌う。プライドが許さないこともある。従って、防衛装備庁からのＰＯが我こそはスポンサーであるというような顔付きで研究に介入してくることについては、強い拒否感を持つと予想できる。それによってＰＯと研究者の間の衝突が起こりかねないだろう。

このように私たちが考えていることを察知して、防衛装備庁は四つの事項の第四項目「プログラムオフィサーが研究内容に介入することはありません」を付け加えたのである。さらに

ＰＯに関する事柄について、二〇一七年度の公募要領に大幅な変更を加えている。それらを拾い上げてみよう。

まず、「１・４本制度のポイント」の冒頭に再び四項目の「ありません」の文言を再録するとともに、「(４) 研究の進め方について」という項を新たに設けて、「防衛装備庁側の担当者として、プログラムオフィサーが研究の進捗管理を実施しますので、協力をお願いします」と書いている。ここでは、従来通りの「研究の進捗管理」という言葉を使っているのだが、これに付け加えて「なお、研究実施主体はあくまでも研究実施者であることを十分に尊重して行うこととしており、プログラムオフィサーが、研究内容に介入することはありません(後述。３・１を参照。)」と、研究に介入する意図はないことをくどいくらい繰り返し強調している。

ところが、「２・１選考・評価体制」では、ＰＤ(プログラムディレクター：ＰＯの統括官)とＰＯに関して二〇一六年度とほぼ同文の文章が記載されており、先に指摘した問題点が依然として残っている。なお、二〇一六年度ではＰＯは防衛装備庁の「研究者から適切な人材が指名」されるとあったのだが、一七年度では「職員から適切な者が指名」されるとなっている。この二年間で早くもＰＯとしての任務が全うできる研究者の人材が払底したのだろうか。

そして、問題の「３・１研究の進め方」の(１)で二〇一六年度は「ＰＯが研究の進捗管理を

実施しますので、協力をお願いします」で終わっていたのだが、二〇一七年度は大幅に書き加えており、

ＰＯが行う進捗管理は、研究の円滑な実施の観点から、必要に応じ、研究計画や研究内容について調整、助言又は指導を行うものとしています。ただし、指導を行うときは、研究費の不正な使用及び不正な受給並びに研究活動における不正行為を未然に防止する必要があるとＰＤが認めた場合のみとしています。また、研究実施主体はあくまでも研究実施者であることを十分に尊重して行うこととしており、ＰＯが、研究実施者の意思に反して研究計画を変更させることはありません。

となっている。さて、この文章をどのように読めばいいのだろうか。

最初の部分では、「研究の円滑な実施の観点から、必要に応じ、研究計画や研究内容について調整、助言又は指導を行う」とはっきり書いており、これらを研究の進捗管理として読まざるを得ない。おそらくこれが本音なのだろう。

ところが、それではわざわざ「ＰＯが研究内容に介入することはありません」と言明してい

るのと明らかに矛盾する。そこで「ただし」書きで、指導を行なうのは不正行為を未然に防止する必要があるとPDが認めたときであり、「POが、研究実施者の意思に反して研究計画の変更させることはありません」と述べて、誤解を招かないよう配慮している(つもりなのだろう)。しかし、不正行為を見抜くためには、POが研究実施者に密着して研究実態や予算執行を厳密に把握していなければならない。そのためには日常的に密接なつきあいをする必要があり、その過程で研究者が研究計画や研究内容についてPOと論じ合うことは、むしろ当然とならざるを得ない。そのような関係の中では研究計画や研究内容への「調整、助言又は指導」が必然的に行なわれることになるのは確実である。それは「介入」ではないというつもりなのだろう。つまり、この文章は、研究実施者から「介入」と受け取られたり、「研究計画を変更させられた」と言われたりしないよう、よい関係を築くことを心がけるようPOに要求している文章と見ることができるのである。

募集する研究テーマについて

二〇一七年度の公募要領で、もう一つ劇的に変化したのが募集する研究テーマである。この委託制度は、防衛装備庁が募集する研究テーマを示し、それに応じて研究者が自分のアイデアを盛り込んだ提案をし、それを審査して採択課題を決定するという段取りになっている。その意味で、二〇一六年度までは公募要領に掲げられたテーマを見れば、防衛装備庁がどのような「防衛装備品(武器あるいは武器に関わる技術のこと)」を求めているかがわかったのだが、今年になって様変わりした。二〇一六年度は二〇件であったのを一七年度には三〇件に増やしたのだが、表3にあるように、すべてのテーマの末尾に「基礎研究」を付けて、軍事研究の色合いを薄めようとする意図が露骨に見える。

使っている用語にも気を遣っていて、柔らかく穏やかな印象の言葉遣いとなり、さらに一般的・抽象的な表現となっている。これも軍事と関係がなさそうなテーマであることを強調したいためと推測できる。加えて、余分の効能も狙っているのかもしれない。一般に技術の開発は特殊で具体的であるが故に明確に工学的なイメージを抱くことができる。これに対し、一般的・抽象的な表現で示されるものは、概念であったり、描像であったりする。形として表せない漠然とした印象のようなもので、それは原理や法則を追求する理学の世界が得意とする側面である。列挙された今年の一般的・抽象的に表現された研究テーマは、技術や工学一辺倒ではない要素も含まれるようになり、理学研究者にも適用できることになっているのである。果たして防衛装備庁がそこまで考えたのかどうかわからないが、応募する研究者の専門の範囲が広

表３　2017 年度に募集する研究テーマ一覧

(１)	複合材接着構造における接着界面状態と接着力発現に関する基礎研究
(２)	大型構造物の異材接合に関する基礎研究
(３)	複雑な海域・海象における船舶等の設計最適化に関する基礎研究
(４)	赤外線光学材料に関する基礎研究
(５)	冷却原子気体を利用した超高性能センサ技術に関する基礎研究
(６)	大気補償光学に関する基礎研究
(７)	外乱に影響されないアクティブイメージング技術に関する基礎研究
(８)	高出力レーザに関する基礎研究
(９)	電波吸収材に関する基礎研究
(10)	高出力・高周波半導体技術に関する基礎研究
(11)	大電流スイッチング技術に関する基礎研究
(12)	高密度電力貯蔵技術に関する基礎研究
(13)	生物化学センサに関する基礎研究
(14)	音波の散乱・透過特性の制御技術に関する基礎研究
(15)	音波や磁気によらない水中センシング技術に関する基礎研究
(16)	地中埋設物探知技術に関する基礎研究
(17)	非接触生体情報検知センサ技術に関する基礎研究
(18)	超小型センサーチップ実現に関する基礎技術
(19)	高速化演算手法に関する基礎研究
(20)	移動体通信ネットワークの高性能化に関する基礎研究
(21)	自動的なサイバー防護技術に関する基礎研究
(22)	対象物体自動抽出技術に関する基礎研究
(23)	人と人工知能との協働に関する基礎研究
(24)	人工的な身体性システム実現に関する基礎研究
(25)	生物を模擬した小型飛行体実現に関する基礎研究
(26)	従来の耐熱温度を超える高温耐熱材料に関する基礎研究
(27)	デトネーションエンジンの出力制御・可変技術に関する基礎研究
(28)	極超音速領域におけるエンジン燃焼特性や気流特性の把握に関する基礎研究
(29)	航空機用ジェットエンジンの性能向上に関する基礎研究
(30)	水上船舶の性能向上に関する基礎研究

がったのではないかと懸念している。

これまで三年間の研究テーマを参照しながら、防衛装備庁が欲している軍事技術を探ってみよう。
①二〇一七年度の(1)「複合材接着構造における接着界面状態と接着力発現に関する基礎研究」、(2)「大型構造物の異材接合に関する基礎研究」は、一五年度の(11)「複合材料接着部の信頼性向上」、一六年度の(20)「複合材料を用いた接着構造の非破壊検査」と共通するテーマであるが、一七年度の募集では実際の応用面だけでなく、より基礎的な物質の表面の接触状態の理学的研究も含められるテーマとなっている。異なった材質の繊維や樹脂や鋼材などをいかに強固に接着させるかの問題で、現実にはこの接着問題が船舶や航空機などあらゆる部材工作の弱点となっているためでもあるのだろう。実際に、一五年度には「構造軽量化を目指した接着部の信頼性および強度向上に関する研究」(神奈川工科大学の研究者の提案)が採択され、後述するように二〇一七年度では接着界面に関して小規模研究と大規模研究が一件ずつ採択されている。重点研究課題なのだろう(以下、一七年度の採択研究課題は表5にまとめている)。
②一七年度の(4)「赤外線光学材料に関する基礎研究」は、一五年度と一六年度の両年にあった「赤外線の放射率を低減する素材」と共通しているが、これも「赤外線光学材料」と一般

的に述べて研究の中身をより大きく広げている。おそらく電波や光波などの反射低減や制御（一五年度の（2）や一六年度の（1）に同様なテーマが掲げられている）とともにステルス機への適用を考えているのだろうが、赤外線を使えば夜でもジャングルでも写真が撮れ、ミサイル発射時の高温ガス噴射の察知にも優れているので、多くの軍事利用が考えられるのである。赤外線光学材料については一七年度の小規模研究で採択されている。

③一七年度の（8）「高出力レーザに関する基礎研究」は、一五年度、一六年度とも「レーザシステム用光源の高性能化」として掲げられていたが、これもレーザ光源だけでなく、より広くレーザ光の利用までも目指すテーマ募集となっている。レーザは光エネルギーの指向性を高めることで、ミサイルなどが内蔵しているデジタル回路を破壊する兵器と重要視されているからだ。一六年度に「ゼロフォノンライン励起新型高出力Ｙｂ：ＹＡＧセラミックレーザ」が採択されており、開発要素はまだまだ多くありそうである。一七年度の大規模研究で中赤外線高出力レーザ光源が採択されている。

④一七年度の（10）「高出力・高周波半導体技術に関する基礎研究」、（18）「超小型センサーチップ実現に関する基礎研究」はデジタル技術の向上、（19）「高速化演算手法に関する基礎研究」、（20）「移動体通信ネットワークの高性能化に関する基礎研究」、（21）「自動的なサイバー

防護技術に関する基礎研究」はコンピューター技術の手法の開拓や高性能化を目的とし、(22)「対象物体自動抽出技術に関する基礎研究」、(23)「人と人工知能との協働に関する基礎研究」はAI(人工知能)技術の軍事的利用を念頭においたものでコンピューター・AIの技術開発は焦眉の的であることがわかる。

このコンピューター・AIに関連する研究テーマはこれまでにも多く掲げられてきている。例えば、一五年度では(6)「新しい超高速有線伝送路」、(7)「高周波回路の飛躍的な性能向上」、(15)「ビッグデータ活用による安全保障分野の問題解決」、(16)「画像からの対象物体の抽出」、(17)「人間により近い目的指向型の画像環境認識」、(21)「移動体間の無線通信・ネットワークの飛躍的性能向上」、(23)「革新的な手法を用いたサイバー攻撃対処」と七件も掲げられていて、この分野への期待は大きい。実際に、一五年度に「ヘテロ構造最適化による高周波デバイスの高出力化」(富士通の研究者)が採択され、一七年度でも基本的には同じアイデアで、やはり富士通の研究者が大規模研究として採択されている。

なお、過去二年間は「革新的な手法を用いたサイバー攻撃(自動)対処」としていたテーマ名が、二〇一七年度は(21)「自動的なサイバー防護技術に関する基礎研究」となった。「攻撃」というような軍事を思い出させる用語を外して穏当な表現にしたのだろうと思われる。

⑤このような穏当な言葉への言い換えは、一五年度、一六年度とも「昆虫あるいは小鳥サイズの小型飛行体実現に資する基礎技術」とあったテーマ名が、一七年度には(25)「生物を模擬した小型飛行体実現に関する基礎研究」と変更されていることにも見られる。戦場での生々しい状況を想起させないためだろう。事実、私は講演などで、「昆虫サイズと言えば、先の戦争で人体実験を行なって生物兵器を開発した七三一部隊が、ノミにペスト菌を仕込んで敵に向かってばら撒いたことがあった。生物のノミではどこへ飛んでいくかわからない。そこで、コントロールできるノミサイズの人工飛行体を開発するということを考えているのではないか」と語っている。防衛装備庁は、そのように言われることを嫌って「生物を模擬した」というような漠とした言い方に変えたのではないだろうか。

⑥他にも、実際に一五年度と一六年度の公募で採択された、水中通信や水中移動の手法、毒ガス吸収・分解物質、ステルス機の薄膜物質、耐久度の優れた金属、高性能ジェットエンジン、極超音速エンジンの開発などについても二〇一七年度の募集テーマに掲げられており、依然として力を入れている技術開発であることがわかる。一七年度には、水中センシング技術、超高温遮熱セラミックスが小規模研究で、極超音速エンジン開発、微量有害物質の検出、航空エンジンのための高温耐熱材料について大規模研究が採択されている。

天文学と軍事技術

ところで、私が専門とする天文学・天体物理学といえば基礎科学中の基礎科学であり、少なくとも直接私たちの生活に(つまり、金儲けに)役立つような分野ではない。しかし、宇宙からやってくる非常に弱い電磁波信号を観測しており、そのために使われる先端技術は軍関係者が欲しがるものでもある。また別の側面として、宇宙は空間的に大きく、時間的にも極端に長い(または極端に短い)現象が普通であるから、一般に地上実験で再現することが困難である。そのため、コンピューターシミュレーション(計算機による模擬実験)を行なって理論的に検証するしかない。それに加え、実験技法も含めて広くデジタル技術の研究も盛んに行なわれている。となると、当然天文学が軍事技術と結びついていく可能性が高い。

そこで、実際に二〇一七年度の募集テーマで、天文学と関係が深い、あるいは天文学の知識が応用できるものを列挙してみよう。それらは、

(4) 赤外線光学材料に関する基礎研究: 赤外線用のデジタル素子の開発による宇宙観測は、今後ますます発展していくだろう。

(5) 冷却原子気体を利用した超高性能センサ技術に関する基礎研究: 宇宙からの微弱な

信号を捉えるためには雑音を低減しなければならず、超伝導状態にまで冷却した受信素子の開発は天文学では常識である。

（6）大気補償光学に関する基礎研究：　大気の揺らぎのために星の像がぼやけるのだが、大気の状態を各瞬間ごとにモニターして取り入れ、それを補正して揺らぎを落とすことで鮮明な像を得る技術が大気補償光学で、元々は望遠鏡で捕捉したスパイ衛星の像を明瞭にするために開発された技術である（つまり軍事開発が先に行なわれた）。

（8）高出力レーザに関する研究：　さまざまな天体の周辺で非常に強力なレーザ発信が起こっていることが確認されており、天文学ではレーザ源の励起に関する理論的研究が盛んに行なわれている。

（19）高速化演算手法に関する基礎研究：　長短さまざまな時間スケールと巨大な空間スケールでシミュレーションする天文学では演算の高速化は欠かせない技術である。

（22）対象物体自動抽出技術に関する基礎研究：　夜空に望遠鏡を向けると何万個もの天体が映るが、それらがいかなる天体であるかを自動認識して興味ある天体を選び出す手法がさまざまに開発されている。

（23）人と人工知能との協働に関する基礎研究：　天文学の専用コンピューターが開発され

ており、右の天体像の自動認識や宇宙通信の解析など人工知能が活躍する要素が多くある。

以上のように、天文学は現世のしがらみと最も関係がなさそうな分野なのだが、軍事研究と強く関連しており、天文学と軍が結びついていく可能性があることを忘れてはならない。まさに技術はデュアルユース(軍民両用)なのである。

4 二〇一七年度の採択結果と防衛省のねらい

まず、過去三年間の状況と比較するために、三年分の応募件数・採択件数の推移を表4に示す。この表で、二〇一七年のところに(A、B)と(S)と分けた表示をしているが、これは今年度に募集する研究の概要を(A、B)は小規模研究で、Aは年間当たり三〇〇〇万円以下、Bは一〇〇〇万円以下のタイプ(いずれもこれに間接経費が三〇%付加)で、原則三か年度で一、二か年度でも可(S)は大規模研究で、原則五か年度継続で最大二〇億円のタイプと二通りで募集したためである。タイプ(S)が新設されたことで二〇一七年度はそれまでと比

表4　この3年間の応募件数と採択件数の比較

		2015年	2016年	2017年 総数	2017年 (A, B)	2017年 (S)
大　学	応募件数	58	23	22	21	1
	採択件数	4	5	0	0(1)*	0(4)*
公的研究機関	応募件数	22	11	27	22	5
	採択件数	3	2	5	3	2
企業等	応募件数	29	10	55	43	12
	採択件数	2	3	9	5	4
総　計	応募件数	109	44	104	86	18
	採択件数	9	10	14	8	6

＊印は，研究分担研究機関として登録されている大学数

較して、大きく様変わりしたと言っても過言ではない。

応募件数について

応募総数が二〇一五年度並みに一〇〇件を超したのだが、大学が昨年並みの二二件であったのに対し、公的研究機関は昨年の二倍強の二七件、企業等はなんと昨年の五倍以上の五五件もあった。企業が主役に躍り出て、公的研究機関がそれに続き、大学からの応募は落ち着いたと言えそうである。

その割合(数の比)で見ると、

タイプ(A、B)　企業等2：公的研究機関1：大学1

タイプ(S)　　企業等2：公的研究機関1：大学0

というもので、過去2年間の構成比が「企業等1：公的研究機関1：大学2」であったことと比べると、大学と企業の比重がすっかり逆転している。これは何を意味す

るのだろうか。

三つの研究機関の状況は、以下のようではないかと想像される。

①大学からの応募は、多数の自粛する大学と二〇あまりの断固応募する大学の二通りに分かれた感がある。日本学術会議の声明を受けて応募を控えた大学は多くあるが、他大学の動きを様子見している大学もあり、今後どう推移するかはまだ不明である。タイプ(S)への応募は、予想通り時間があまり取れなかったために二〇一七年度は少なかったが、学内の研究者の調整を行なう時間が確保できる二〇一八年度以降は増えるかもしれない。いずれにしろ、一七年度は応募が比較的少なかったとして安心はできない。

②公的研究機関からの応募は二〇一五年度のレベルに戻り、比較的組織変更しやすいことを反映してタイプ(S)への意欲も強いことがわかる。学生への教育義務がないことが科学者の社会的責任意識を希薄にさせていることと、研究開発行政法人としても予算の逼迫状況が厳しいことから、今後「軍学共同」の本命になっていくのではないだろうか。研究のみを行なう機関の研究者は、科学主義・技術主義に陥る危険性が高いという共通点があるからだ。科学主義・技術主義とは、科学や技術の発展を至上の目的とする考え方で、軍事開発は結果的に科学・技術を発展させるとして戦争に協力することに吝かではないという姿勢につながる。

③企業等からの応募が急増したことが今回の様変わりの大きな特徴で、企業が「安全保障技術研究推進制度」に本格的に参入することを目指しているのは明確である。デュアルユース技術の開発として、初期の開発投資を防衛省に肩代わりさせることが目的だろうが、さらに「軍産連携」を本格化する足がかりにしていくのではないかと予想される。つまり企業の業務として武器の開発・生産・輸出という方向を考えているのだろう。タイプ(S)に対して、容易に組織替えができて軍事研究のための体制が組める有利さを生かしているようである。

採択結果について

必ずしも応募件数に比例した採択になっておらず、詳しく分析すれば防衛装備庁がどのような方針でこの制度を運用していこうとしているかの意図が読み取れそうである。

まず、表5に二〇一七年度採択研究課題をまとめている。これまでの二年間に採択された課題と共通する課題がいくつもある。それらをまとめると以下のようになる。

小規模研究のタイプ(A、B)では、海水の電磁場応答(二〇一五年二件、一六年一件、一七年一件)、高周波・広帯域光学系(一五年一件、一七年一件)、接着剤(一五年一件、一七年一件)、小型発電(一六年一件、一七年二件)、超高温環境下の表面膜(一六年一件、一七年一件)、である。むろん、

表5・1　二〇一七年度採択研究課題（タイプA、B）

研究課題名	概要	研究代表者名・所属機関
不均質媒質内埋設物の高分解能な立体形状推定の研究	電磁波散乱の観測による埋設物体の立体形状推定のための計測手法の実現	西堀俊幸・JAXA（分担研究機関：大学）
CFRP接着界面域におけるエポキシ当量測定	CFRP接着の分子結合観察による接着不良可視化の評価手法の実現	森本哲也・JAXA
海水の微視的電磁場応答の海底下センシングへの応用	海水中電磁波応答考慮の電磁場伝搬モデル構築と海底下埋設物探知技術の実現	児島史秀・NICT（分担機関：公的研究機関）
半導体の捕獲準位に電子蓄積する固体電池の開発	高い安全性が期待できる半導体固体電池の実現	平林英明・東芝マテリアル（分担機関：企業等）
超広帯域透過光学材料・レンズに関する研究	可視光から遠赤外線までの超広帯域の透過可能な材料・光学系の実現	難波亨・パナソニック（分担機関：企業等）
不揮発性高エネルギー密度二次電池の開発	高安全化・高エネルギー密度両立の革新的リチウム二次電池の実現	奥村壮文・日立
MUT型音響メタマテリアルによる音響インピーダンスのアクティブ制御	MEMS技術による音響特性をアクティブ制御する音響メタマテリアルの実現	南利光彦・日立
超高温遮熱コーティングシステムの開発	超高温遮熱が可能なセラミックスコーティング膜材料実現のための理論・設計・実験	北岡諭・FCC（分担機関：企業等）

CFRP：炭素繊維強化プラスティック
MUT：マイクロマシン技術による超音波振動子
MEMS：微小電気機械システム

表5・2　二〇一七年度採択研究課題(タイプS)

研究課題名	概　要	研究代表者名：所属機関
極超音速飛行に向けた、流体・燃焼の基盤的研究	極超音速飛行基盤技術向上の地上試験データ取得による燃焼現象・空力加熱推定	谷香一郎・JAXA（分担機関：大学2）
フォトニック結晶による高ビーム品質中赤外量子カスケードレーザの研究	量子カスケードレーザによる高出力・高ビーム品質の中赤外光源の実現	迫田和彰・物材機構（分担機関：大学、企業等）
無冷却タービンのための革新的材料技術	モリブデン合金とニッケル合金を適用した無冷却タービン形成と成立性の検討	高橋聰・IHI（分担機関：公的研究機関）
共鳴ラマン効果による大気中微量有害物質遠隔計測技術の開発	複数種物質の種類・量・位置を遠隔から瞬時に特定する計測手法の実現	岡崎宗孝・四国総研（分担機関：企業等2）
極限量子閉じ込め効果を利用した高出力・高周波デバイス	強い量子閉じ込め効果適用による高周波デバイスの飛躍的出力向上	小谷淳二・富士通（分担機関：大学、公的研究機関、企業等）
複合材構造における接着信頼性管理技術の向上に関する研究	炭素繊維複合材接着界面の研究と表面改質手法評価による接着強度向上	高木清嘉・三菱重工（分担機関：公的研究機関）

それぞれ要素技術の開発内容は異なっているが、大まかに言って八件のうち六件がこれまでと共通する課題であることから、やはり装備庁が興味を持つテーマは限られていると言えそうである。

大規模研究のタイプ(S)の課題では、極超音速エンジン(一五年一件)、レーザ光源(一六年一件)、有害物質検出・計測・分解(一五年一件、一六年一件)、複合材接着界面(一五年一件)、高周波デバイス(一五年一件)が、これまでと共通した課題である。大口の資金を提供するのだから、ある程度見込みがつくものとしてこれら五件が選ばれたと見ることができる。

そして、見やすいように採択課題を提案した研究機関名を以下に列挙しておこう。

(A、B)八件：　宇宙航空研究開発機構(JAXA、二件)、情報通信研究機構(NICT)、東芝マテリアル、パナソニック、日立(二件)、ファインセラミックセンター(FCC)

(S)六件：　JAXA、物質・材料研究機構(物材機構)、石川島播磨重工(IHI)、四国総研、富士通、三菱重工

三つの研究機関の状況は、以下のように分析できるだろう。

(I)大学からの採択は小規模研究・大規模研究ともゼロであり、特にタイプ(A、B)については応募件数から言えば二件程度採択されても不思議ではないがゼロであった。なぜだろうか？　これまでになかったことなのだが、二〇一七年度は各採択課題において分担研究機関の内訳を発表しているのは、大学からの採択ゼロのショックを和らげようとしたためではないかと推測される。事実、大学は総計で五件について分担機関となっており、例年の採択数並みであることを示そうとしたのではないか。

（Ⅱ）公的研究機関としてＪＡＸＡが計三件（（Ａ、Ｂ）二件、（Ｓ）一件）、物材機構が一件採択されたが、過去二年分を足すとＪＡＸＡは計四件、物材機構は計三件となっている。この両研究機関は装備庁との共同研究に積極的であり、やがて軍からの資金漬けになり、抜けられなくなっていくであろうことが予想される。またＮＩＣＴは、サイバーセキュリティ問題で過去に防衛省と関係があったことから、この制度に対して積極的である可能性もあり、今後防衛省と関係を深めていくことも考えられる、要注意の研究機関である。

（Ⅲ）企業については、日立（二件）、東芝マテリアル、パナソニック、ＩＨＩ、三菱重工、富士通と、日本を代表する企業が、防衛省からの軍需品の受注のみならず、装備庁の軍事装備品の開発研究にも参入しようとしていることがわかる。それはまさにデュアルユースで、企業は軍事装備品開発の資金を使いながら、自社の民生品の開発のための初期投資に使おうという魂胆がうかがわれる。過去二年分も含めて、複数採択されている企業はパナソニック、富士通、日立、三菱重工であり、常連化しつつある。中小企業の代表としてＦＣＣと四国総研にも目配りしており、装備庁は特色ある技術で軍事技術開発を行なう中小企業を育成する方針なのかもしれない。

注目されることは、（Ｉ）で述べた分担研究機関である。結果をまとめると、（Ａ、Ｂ）で、Ｊ

AXAは大学、NICTは公的研究機関、パナソニック、東芝マテリアル、FCCは、それぞれ企業を分担者に加えている。(S)で、JAXAは二大学、物材機構は大学と企業、IHIは公的研究機関、四国総研は二企業、富士通は大学・公的研究機関・企業の三者、三菱重工は公的研究機関を加えている。

分担研究機関の参加は、代表研究機関から委託されるもので科研費の「分担者承諾書」あるいは産学共同における「委託研究契約」と同じ形式によって加われるので、特に大学にとっては機関の承認が形式的であり、低いハードルで参加できるという点に目が付けられている可能性がある。

以上から懸念されることは、

● この制度によって防衛装備庁と企業との結びつきを強め(軍産連携)、
● 企業と大学または公的研究機関との間での産学共同を通じて、防衛省資金が堂々と「学」の研究現場に入って来る、

という形によって軍産学複合体の形成を狙っているのではないか、ということである。つまり「産」を仲立ちにして、軍産連携と産学共同を結び付けて軍産学複合体とする(軍産連携+産学共同=軍産学複合体)というわけだ。

今後も予算の動きを注視し続け、防衛省が軍産学複合体をどのような方法で形成しようとしているか監視し続けねばならない。

第2章　日本学術会議の態度表明

軍学共同が本格的に始動したきっかけは二〇一三年一二月一七日に行なわれた三つの閣議決定であり、さっそく翌年の二〇一四年四月には防衛省が軍学共同を専門に扱う部署として技術管理班を設置したこと、五月にはC2次期輸送機の不具合問題で防衛省から東大に協力申し入れをしたことが報道された(その後、東大は断った)。そこで、赤井純司(新潟大学名誉教授)、多羅尾光徳(東京農工大学准教授)、浜田盛久(海洋研究開発機構研究員)と私は連絡を取り合い、急進展する軍学共同に反対すべく活動する相談を開始した。実は、この四人は二〇一二年に宇宙航空研究開発機構(JAXA)を統括する法律であるJAXA法から、「宇宙開発は平和目的に限る」という条項が落とされるという問題が起こったとき、「JAXA法の改悪に反対するインターネット署名の会」を起ち上げて反対運動を行なった仲間であった。今回は「軍学共同反対アピール署名の会」と名付けて声明文を用意し、呼びかけ人や賛同人を募って二〇一四年七月三一日に記者会見を行なって運動を本格的に始めることになった。

当面は署名を広く呼び掛けるのに全力を注ぐことにしたが、かつて第一七期から第一九期までの三期九年間、日本学術会議の会員であった私は、日本学術会議に働きかけるべきであると考え、直ちに大西隆会長(当時)宛てに手紙を書いた。しかし、大西会長はこの問題について私とは根本的に異なる意見の持ち主であることがわかった。彼は、自衛のための軍事研究は許容されるとの意見であるからだ。そのため会長をあてにすることはあきらめたのである。

翌二〇一五年に防衛装備庁の「安全保障技術研究推進制度」が具体的に動き出したことから、これを問題にする日本学術会議会員も増えてきた。大西会長があちこちのマスコミに登場してこの制度の許容論を主張したため、あたかも日本学術会議の公式意見であるかのように受け取られる状況になったからだ。このような情勢の中で慎重派の会員が声を上げ始め、結局二〇一六年五月に、日本学術会議として公式にこの問題を正面に据えて議論する「安全保障と学術に関する検討委員会」を発足させることになった。私たちはこの委員会の議論を注視しつつ、必要な場合には意見を述べて日本学術会議が真っ当な声明を出すように働きかけることにした。第六回の検討委員会(一一月一八日開催)で、私が参考人として述べた議論を第2節にまとめている。

最終的に、検討委員会でまとめられた意見が合意を得て二〇一七年三月二四日に「軍事的安全保障研究に関する声明」が出され、四月一三日にはその付属文書である「報告　軍事的安全保障研究について」が出された。その内容については第3節にまとめるが、大学等における軍事研究に関して一九六七年以来五〇年ぶりの声明であり、その歴史的意義は大きい。

この「声明」に呼応して、多くの大学が防衛省の「安全保障技術研究推進制度」には応募しないとの態度表明をしているが、それに反対して応募することを奨励する大学も少数ながらある。また、二〇一七年度の応募結果に見るように、公的研究機関と企業が「声明」に関わりなく多数応募していることが目につく。この状況が今後どのような影響を与えるか予断を許さない。

このような日本学術会議における議論の経過をまとめるのが本章の目的であるが、その詳細に入る前に、第1節において日本学術会議の会員選出方法の変化について解説しておく。発足時から大きく様変わりしたため、研究者でも日本学術会議の現状を知る人間が少なくなり、まして市民の方々の多くに日本学術会議の詳細が衆知されていないようなので、ここで整理しておくことにする。

1　日本学術会議の会員選出法の変遷

日本学術会議は、戦後民主主義の精神に則って戦前の学術研究会議が改組され、一九四九年に内閣総理大臣の管轄で総理府の機関として発足した。科学者の代表で構成する「重要な国の機関」との位置づけであった。

最初の会員選出法とそれへの非難

日本学術会議の最初の会員選出法は一般選挙制であった。概ね修士課程修了程度で発表論文が二編程度ある研究者が有権者登録をし、五年以上の研究歴がある専門的研究者を被有権者としたものである。立候補制で全国区と地方区に分け、無記名選挙で全二一〇名の会員が選出されるという、極めて民主主義的な選出法で「学者の国会」と呼ばれるのに相応しい選出法であった。

二一〇名の会員内訳は、第一部文学・哲学・教育学・心理学・社会学・史学、第二部法律学・政治学、第三部経済学・商学・経営学、第四部理学、第五部工学、第六部農学、第七部医学・歯学・薬学の七部構成で、それぞれ三〇名の定員で、国会議員と同じく、何回選出されてもよく、また年齢に関係なく選ばれる建前であった。実際、日本学術会議は、原子力の平和利用のための自主・民主・公開の三原則の提案や全国大学共同利用研究所の設立勧告を行ない、日本の学術界を統括・先導する役割を果たしていたのである。

しかし、年月が経つにつれ、二つの方向から日本学術会議を骨抜きにする動きが出てきた。一つは、文部省の勢力拡大の動きである。初等・中等教育とともに高等教育の運営管理を任された文部省は、大学における教育・研究に関わる行政に対しても独占権を持つことを望んで、学術会議から研究面での権限を徐々に奪っていったのである。実際、文部省は概算要求による各大学の将来計画や設備更新の交渉・実現、全国大学共同利用研究所の設立やその研究計画(ビッグサイエンス)の実施、科学研究費補助金の科目決定・予算配分・採択決定など、主として予算に関わる面での実務も含めて計画から実行までを差配しようとした。そのやり方は、文部省が学術審議会を設立し、そこに文部大臣が諮問して答申させ予算化するという方法で、本来なら日本学術会議に諮問すべきであったのに、文部省が自前の審議会を作ってお手盛りの答申を得るという巧妙な手法を編み出したのである。

研究者は研究資金を出してくれる官庁に弱いから、立案はするが予算に関与しない日本学術会議から、徐々に予算権限を持つ文部省に軸足を移していくことになった。学術審議会に大学の研究者が委員として招かれて施設計画などを議論し、その結果が現実に実現されることになるから必然的に文部省寄りになっていったのである。こうして、大学予算や将来計画の概算要求などの学術行政に関わる事項は文部省に集中するようになり、日本学術会議は基礎科学の振興・国際交流事業・大学における学術研究の推進などのような、原則論や建前論の議論ばかりとなってしまった。また共同利用研究所の建議も政府にほとんど無視されて言いっ放しになるのみとなり、その議論も低調にならざるを得ない。いわば、学術行政の理念は日本学術会議、予算や運営の実際は文部省が管轄するということになったのである。当然、大学の研究者の日本学術会議への関心が薄れていく一方となるのは止むを得ない成り行きでもあった。

もう一つは自民党政府からの日本学術会議への強い干渉があったことである。日本学術会議がベトナム戦争で米軍の行為を強く非難して政府と対立したり、大学管理法に反対したり、科学者憲章の制定について文部省に盾突いたり、というふうに政府筋から思い通りにならないと見なされたのである。そのため政府から露骨な批判が浴びせられるようになった。その理由は人気取りの上手な札付きの左翼の研究者が多選されているというもので、会員選出法の自由立候補制・自由選挙制がガンだとして非難が集中することになった。政府が口出ししやすい選挙制度に変えるよう圧力をかけたのである。それに呼応するかのように、それまでは政府や省庁から日本学術会議に対して多くの諮問がなされ、問題ごとに委員会を設置して答申案を作成し、総会で承認して提出するということが重要な任務の一つであったのだが、その諮問がほとんどなされなくなってしまったのである。日本学術会議法の第四条に「政府は、日本学術会議に諮問することができる」という条項があるのだが、行政官庁が歩調を合わせて、こぞって日本学術会議をボイコットするようになったのだ。その結果として、日本学術会議は研究者団体の研究連絡や国際交流関係などが主な任務となり、学術行政に直接影響を与えない、学者の世界の結びつきのみに閉じてしまったのである。

最初の会員選出法の「改革」

そこで、日本学術会議として、政府筋から圧力がかかっていた会員選出法の変更を受け入れることになり、一九八五年に最初の「改革」を行なった。日本学術会議に登録して、学会活動の実態が信頼できる学協会であると認定された登録学術研究団体(およそ二〇〇ある)からの会員推薦制に変更された。こうすれば、専門分野ごとの選出だから、人気取りのような自由選挙による会員選出は行なわれなくなると考えられたのである(私は日本天文学会から推薦されて選出された会員で、日本天文学会では必ず事前に学会会員による選挙が行なわれた)。また、通算三期までとされた。

この結果として、専門研究者の集まりで学協会からの推薦で会員が決まるのだから、学術行政全般に関わるような問題は任務から外されることになった。そのため、日本学術会議が持っていた多くの行政権限（科学研究費審査員の推薦、共同利用研の設立勧告、共同利用研委員推薦など）が縮小され、科学の振興や技術の発達に関する方策、研究成果の活用や科学者の養成に関する方策など、学術研究の基本的施策を議論する場となったのである。むろん、これらの問題を議論し提言する任務を持つ国を代表するようなアカデミーは必要なのだが、そのためには行政官庁に影響を与えるだけの権限が付与されていなければならない。そのため、日本学術会議では登録学術研究団体がそれぞれの分野の研究者から構成される「研究連絡委員会」を持ち、各分野の将来計画を議論して提言・勧告などを積極的に行なう努力を続けてきた。しかしながら、政府によってこれらの提言がほとんど採用されないので、日本学術会議の役割は各研究分野の情報交換と海外との学術交流という、狭い意味での研究活動の問題を議論する閉じた場とならざるを得なくなったのである。

さらに、一九九九年頃から国の行政改革の議論が盛んになり、中央省庁再編の議論で日本学術会議不要論が出たこともあって、二〇〇一年には内閣総理大臣から総務大臣の管轄となり、「総務省の特別の機関」にされてしまった。政治的影響力を全く持たない中央選挙管理会とか政治資金適正化委員会などと同じレベルの組織とされてしまったのである。まさに閑職に追いやられたのだ。

これに対し、政府の意向を斟酌（忖度）しつつ、日本学術会議として独自の改革案を議論しようということになった。日本学術会議は、そもそも「わが国の科学者の内外に対する代表機関として、科学の向上発展を図り、行政、産業及び国民生活に科学を反映浸透させることを目的とする」（日本学術会議法第二条）とあるように、科学者の代表として科学全般の発展と普及に努めることが求められている。その意味では科学アカデミーとしての役割を担うのだが、各国が採用しているような著名な科学者が名誉的に選出される科学アカデミーに閉じるのではなく、より幅広く現代的課題をも議論する日本学術会議であるべきなのだ。また、権威づけをしないと政府筋からは無視されてしまうから、権威を持たせる（つまり政府のお墨付きを得る）ことも考えねばならない。

再度の会員選出法の「改革」

というわけで、日本学術会議と総合科学技術会議とが相談して改革案を打ち出し、二〇〇五年から以下のような方式を採用することになった。

（1）内閣総理大臣の所轄とし内閣府の特別の機関とする、

（2）これまでの七つの部会制を止めて、第一部人文・社会科学、第二部生命科学、第三部

理学・工学の三部制にして会員は各部七〇人とし、それ以外におよそ二〇〇〇人の連携会員（従来の研究連絡委員に対応）とする、
（3）会員の任期は二期六年で、会員・連携会員とも七〇歳定年とする、
（4）次期会員と連携会員は原則として現会員と連携会員の推薦によって候補者を決定し、内閣総理大臣が任命する、

つまり、権威づけのために、（1）のように組織を内閣総理大臣の管轄に戻し、（4）のように通常の科学アカデミーで採用されている現会員の推薦制（cooptation）が採用されたのである。

ところで、総合科学技術会議とは二〇〇一年に、内閣総理大臣の諮問に応じて、科学技術の総合的かつ計画的な振興を図るための基本的な政策について調査審議することを目的に内閣府に設置された会議で、内閣総理大臣自身が議長であり科学技術に関連する大臣と学識経験者が委員となっている。二〇一四年から総合科学技術・イノベーション会議（CSTI）と改称され、自前の予算も有するようになってその権限が強化されている。

この「改革」によって、会員候補者の選出が推薦制になり、ますます一般の研究者から遠ざかることになった。その結果、科学者が専門の分野に閉じこもって国家の行政に対して強い発言をしなくなってしまった。単純に言えば、「日本学術会議の会員は学会のボス（お偉方）」が

禅譲していくものとなってしまったからだ。もっとも、日本学術会議の会長が自動的に総合科学技術・イノベーション会議の委員になるということもあって、日本学術会議は政府にとって御しやすい組織となったと見なされたためだろう、省庁からの日本学術会議への諮問が復活するようになった。こうして、政府との関係が「正常化」されたのである。

他方、日常の運営を円滑に行なうために、日本学術会議法にある「日本学術会議の職務及び権限の一部を幹事会に委任することができる」という条項に従って、運営に関する審議は幹事会(会長、副会長三名、三つの部会の部長及び副部長と幹事二名で計一六名)で行なわれている。最近では、総会で決定されるべき声明や勧告なども幹事会で決定するようになり、後述する今回の「声明」及び「報告」も幹事会決定で総会には報告されるに留まった(内閣がすべてを捌いて、国会を軽視する現在の状況に似ている)。

その結果として、役職者が議事を差配するようになり、決定に全会員が参与するという「重み」が薄れてしまった感は否めない。そのためもあって、日本学術会議はますます研究者の関心を惹かなくなり、学術の世界にとって重要な機関であるという意識がいっそう薄れていることも事実である。

しかし、日本の学術界を代表する機関という建前は崩れていない。「腐っても鯛」なのである。このことは、今回の軍学共同問題を通じて明らかになった。

2 「安全保障と学術に関する検討委員会」の議論

防衛装備庁の「安全保障技術研究推進制度」が二〇一五年四月から動き出し、さて日本学術会議はこの問題に対していかなる態度を示すだろうと注視していた。しかし、聞こえてくるのはこの制度を受け入れるというマスコミなどにおける大西会長の言動ばかりであった。実際には、日本学術会議の一五年の秋の総会で会員から議論の呼びかけがあり、一六年の春の総会でも大西会長への批判があって、ようやく日本学術会議として意見を集約するという動きとなったようである。ある会員は「少なくとも半年間、時期を失しました」と述懐していたが、日本学術会議としての検討委員会が発足したのは二〇一六年五月二〇日であった。

検討委員会の発足

大西会長自らが提案者となって「課題別委員会設置提案書」が幹事会に提出され、異議なく承認されて「安全保障と学術に関する検討委員会」が発足することになった。この提案書に書

かれた「課題の概要」は、

日本学術会議は一九五〇年に「戦争を目的とする科学研究には絶対従わない決意の表明(声明)」を、一九六七年には「軍事目的のための科学研究を行わない声明」を発出した。近年、軍事と学術とが各方面で接近を見せている。その背景には、軍事的に利用される技術・知識と民生的に利用される技術・知識との間に明確な線引きを行うことが困難になりつつあるという認識がある。他方で、学術が軍事との関係を深めることで、学術の本質がそこなわれかねないとの危惧も広く共有されている。本委員会では、以上のような状況のもとで、安全保障に関わる事項と学術とのあるべき関係を探求することを目的とする。

となっている。ここでは防衛装備庁の「安全保障技術研究推進制度」には一言も触れていない。しかし、それにどう対応すべきかについて、日本学術会議としての判断が求められていることは明らかである。ただし、ここに「安全保障に関わる事項と学術とのあるべき関係を探求する」とあることから、提案者である大西隆会長として明確な結論は求めるつもりはないとの意向も垣間見える。

想定している審議事項として
①五〇年及び六七年決議以降の条件変化をどうとらえるか
②軍事的利用と民生的利用、及びデュアルユース問題について
③安全保障にかかわる研究が、学術の公開性・透明性に及ぼす影響
④安全保障にかかわる研究資金の導入が学術研究全般に及ぼす影響
⑤研究適切性の判断は個々の科学者に委ねられるか、機関に委ねられるか

の五点を挙げている。五〇年と六七年の決議をどう引き継ぐか、そしてそれ以降の日本の防衛に対する立ち位置の変化をどう考えるかを出発点にして、デュアルユースに関する議論、安全保障研究とそれに関連する資金流入と学術研究の関係、そして研究そのものを適切に進める主体は最終的に個人であるのか機関であるのか、を審議しようというわけである。

大西会長の持論は、五〇年及び六七年の決議は「堅持」するのだが、専守防衛が国是となった日本であり、防衛(自衛)のための研究は直接の戦争目的ではないから許容される、というものである。防衛省が委託研究として提示している安全保障にかかわる研究では「原則公開」としているし、研究予算の大きな割合を占めないのであれば影響が少ないから構わないというわ

けだ。実際、会長としては、そのような方向に議論を進める意図があったのだろうことは、先の五つの審議事項の並べ方からも推測できる。しかし、総会や夏季部会等での会員からの批判もあり、さてどこに議論が落ち着くのか、なかなか読めない状況で出発したのは事実であろう。

こうして、会長、副会長三名、各部から三名ずつ、副会長推薦二名の計一五名からなる検討委員会が六月二四日に正式に発足し、委員長に杉田敦氏(第一部会員、政治理論)が選出され、委員長指名で副委員長に大政謙次氏(第二部、農学・環境学)が就任することになった。以後、委員会は二〇一六年六月から一七年三月まで毎月一回(三月は二回)の計一一回開催され、最終的に三月二四日の幹事会における「声明」の決定、四月一三日の幹事会における「報告」の承認という形で審議そのものは決着した。委員会での議論の詳細は小沼通二氏の詳しい解説(『科学』二〇一七年六月号、岩波書店)があるのでそれに譲るが、ここでは議論された主な項目と、この委員会で採用された審議方式について若干のコメントをした上で、私が一一月一八日の第六回委員会で述べた意見と防衛装備庁とのやり取りについて述べておきたい。

検討委員会の審議の特徴

委員会審議は、先の五項目の審議事項を参照しながら進められたが、主として議論された内容の順序は、②軍事的利用と民生的利用、デュアルユース問題について(第三回、第四回、第五回)、③安全保障にかかわる研究が、学術の公開性・透明性に及ぼす影響(第四回、第五回)、④安全保障にかかわる研究資金の導入が学術研究全般に及ぼす影響(第五回、第六回、第七回)、⑤研究の適切性の判断は個々の科学者に委ねられるか、機関に委ねられるか(第七回)、そして①日本学術会議のこれまでの声明をめぐる議論からの展望(第七回)であった。実質の議論は第七回までで概ね終了し、第八回以降は、中間とりまとめの方策、公開シンポジウムである「学術フォーラム」の持ち方、どのように審議内容を報告するかなど、委員会としてのまとめに向けての議論が主であったと言える。

委員会審議はすべて報道関係者や一般傍聴者に公開された。日本学術会議においては、総会・幹事会・部会・委員会等の審議は「公開しないとする議決があった以外」は、前もって登録しておけば公開が原則で傍聴可能である。この点は日本学術会議の発足以来変わっていない習慣で、高く評価すべきだろう。

特筆されることは、各回の委員会の議事次第と配布資料(参考資料も含む)、前回の議事録と速記録が日本学術会議のホームページですべて公開され、誰もがアクセスし意見を提出することができたということである。ここまで徹底して行なわれたのは杉田委員長の采配による面が大きい。現在無責任な公文書管理や一年未満で記録を廃棄してしまうという問題があちこちの行政機関で生じているが、これは言語道断のことである。重要なことは、この委員会で集積された文書類をきちんと管理して後世に残る措置がとられるかどうかだろう。今後注目しておきたい。

さらに本委員会では、日本学術会議の会員も含めて、さまざまな分野の専門家を招請して参考意見を徴したことも高く評価される。そこで出された意見も当然アーカイブされている。もう一つ特筆されるべき点は、事務局に上席学術調査員が配置され、海外の状況や日本の省庁の施策などについての調査を行ない、適宜その報告がなされたことである。日本学術会議事務局は通常では官僚が三年くらいのローテーションで赴任してくるのがほとんどだから、今回のような軍事研究に関連する事柄については疎い。ここで雇用された上席学術調査員は大学の准教授クラスで若く、委員長や委員からの要求に応じて資料を探し出し、あるいはインターネットで具体的なデータを得ることに長けている。私が話をした調査員は政治学の准教授で、文献や資料調査はお手の物という感じであった。このような方法も参考にしたいものである。

一一月一八日の委員会の概要

さて、一一月一八日の第六回委員会で防衛装備庁職員二人とともに私が参考人として招致されて意見を述べ、論戦をする機会を得たのでそのことについて述べておきたい。防衛装備庁の職員が提出した資料「安全保障技術研究推進制度について」は、ほとんど私たちが既に知っている内容をまとめたもので特段の目新しい情報はなかったが、一つ興味深い資料が含まれていた。それは「防衛省の研究開発における安全保障技術研究推進制度の位置付け」と題された資料である。そこではまず、

○安全保障技術研究推進制度は、将来の装備品に適用可能な独創的な基礎技術の発掘・育成が目的

○研究の成果は、その内容を十分に理解した上で、将来のニーズを踏まえつつ、防衛装備庁における適切な研究事業に活用

と書かれている。注目すべき点は、制度の目的を将来防衛装備品として展開する可能性のある基礎技術の発掘としており、当然採択された提案は軍事装備として活用することが前提であると述べていることだ。つまり、この制度による研究成果を引き取って「適切な研究事業」として活用して(装備品の開発へと)推進するのは防衛装備庁、という段取りが具体的に明示されているのである。

問題はその進め方で、この資料には「防衛装備庁における装備品の研究開発の流れ」を具体的に図示している。そこでは横軸に「技術成熟度（ＴＲＬ：Technology Readiness Level）」と称する「技術がどのような成熟段階にあるかをある程度定量的に示す尺度」が1から9まで表示してある。そこでは、

1から2の「基礎研究」段階は「安全保障技術研究推進制度」によって、大学・研究機関・企業の研究所が担い、2以降9までは、「防衛装備庁内の研究所等における研究開発」と、役割分担を明示し、

3〜4の「応用研究」段階は「（装備庁の）研究所等で行う要素研究」、

5〜7の「研究開発」段階は「技術を実証するための試作・試験」、

8〜9の「実用化・事業化」段階は「実用化を目指した試作・試験」、

最終目標は「装備化」

というふうに武器開発の段取りを設定しているのである。

米国防総省やＮＡＳＡでも同様な技術開発の筋道を立てているのだが、ここで懸案となるのが、1〜2の「基礎研究」と5〜7の「研究開発」の間に「死の谷」と呼ばれる大きなギャップがあることである。この「死の谷」を飛び越えるのは、そう簡単ではない（例えば森本敏著

『防衛装備庁――防衛産業とその将来』海竜社）。アイデアは比較的簡単に出てくるのだが、その技術を実証した研究開発が成功するまでには飛び越えなければならない大きな「死の谷」があり、それを克服しなければ装備化に結びつかないというわけだ。二〇一七年度の大規模研究は、「死の谷」の克服を狙っての課題設定を行なったのだろうと考えられる。

装備庁職員との論戦

先に述べたように、私は公開に関する記述には一貫性がなくて恣意的であり、契約が進むにつれて公開の制限がきつくなっていること、公開とは逆の秘密保護に関して、この委託研究制度によって得られた成果が「特定秘密」に指定される可能性については何ら触れられていないことを問い質したのだが、装備庁職員は「これらを改善する」との回答しか出せなかった。特定秘密保護法は、そもそも「何を秘密保護とするかは秘密」という法律だから、いかに規定してもそれが機能するかは疑問ではあるが、やはり研究内容そのものが特定秘密に指定されるのは問題であると感じたから問い質したのである。これらについては、第1章で述べたように、公募要領において研究成果の公表と特定秘密に関する注釈を付することで、私の要求を取り入れることになった。

委員会で直接問題になったわけではないが、気になったのは「安全保障技術研究推進委員会」と称する審査・評価を行なうために外部有識者によって構成される委員会の任務として、「技術提案の審査、採択」以外に、「必要に応じ、委託先の研究の目標達成状況、研究実施体制の確認、評価」そして「研究成果の確認、評価等」と書かれていることである。この委員会の委員は直接委託研究者の状況調査をするわけではないから、結局「研究の目標達成状況」は各研究課題に配置されるPO(プログラムオフィサー)が進捗管理を行なった結果から判断することになる。そうだとすると、POは委託研究者の研究の進展状況を詳しく把握していなければならず、頻繁に研究現場を訪れることになる。研究者側から言えばPOからの干渉と受け取らざるを得なくなるだろう。この点で、装備庁の職員が言った「プログラムオフィサーの働きかけは単なる研究進展状況のチェックに過ぎない」との言明は信用できないという印象を残すことになった。このような経緯から、公募要領に「POが研究内容に介入することはありません」と、新たに書き込むことにしたのだろう。

それ以外に議論となったことは、大学では学部生・大学院生・留学生などが研究の手伝いをすることが当たり前である(彼らの助けがなければ開発研究そのものが進まないことは明らかな)のだが、このような研究協力を行なった者が教室内でのゼミや学会で発表する場合にも、やはり

「事前の通知」が必要なのかを尋ねたことだ。若手の研究発表は彼らが研究者として育っていく上で何度も経験する必要があり、気楽に、かつ自由にやれることが望ましい。だから、学生たちの成果の発表に制限じみたことをすべきではないと考えて質問したのである。装備庁側の回答は、教室内でのゼミのような非公式の場なら構わないが、学会など公式の発表では学生であっても教員と同じ規則に従ってもらう必要があるというものだった。やはり、誰であろうと、成果の公開についての「通知」や「確認」が必須の条件と考えていることは確かなようである。

以上のような議論をしたこともあり、防衛装備庁は早々と一二月二二日付の文章「安全保障技術研究推進制度の運営について」を出した。そこには、

日本学術会議「安全保障と学術に関する検討委員会(第二三期・第六回)(平成二八年一一月一八日)」における当庁の説明に対する質疑を踏まえ、平成二九年度の安全保障技術研究推進制度に係る公募要領、契約書及び委託契約事務処理要領において、次の点を明記することにしましたのでお知らせします。なお、併せて当庁ホームページにおいても公表します。

1．受託者に研究成果の公表を制限することはない。

2．特定秘密を始めとする秘密を受託者に提供することはない。

3．研究成果を特定秘密を始めとする秘密に指定することはない。

と書かれている。委員会でなされた議論は研究者側が不安に思っていることであり、それを払拭するためには早急に改訂しなければならないと考えたのだろう。その意味では、私は防衛装備庁に知恵をつけるマイナスの役割を果たしたのかもしれない。さらにPOのことまで書き加え、文言を柔らかくしたのが、第1章で述べた公募要領における四項目の注釈なのである。

私が提出した文章

というようなやり取りがあったのだが、一一月一八日の検討委員会で私が参考意見として提出し、それに従って述べたことを以下に再録する。多岐にわたって検討委員会に注文をつけ、防衛省資金を大学等が受け取ることの問題点を縷々述べている。もっと簡明な文章に留めたかったのだが、書いているうちにあれもこれもと書き加えたため長くなってしまったのである。むろん単に検討委員会への参考意見としてだけでなく、科学者が軍事研究に携わることの問題点を総まとめし、歴史の検証に耐えられるものとしておきたい、と意気込んだためでもある。

防衛省資金の問題点について

二〇一六年一一月一八日　名古屋大学名誉教授　池内　了

現在、日本学術会議会員の選出は研究者による直接選挙や学協会からの推薦でもなく、会員相互の推薦によっているが、日本を代表する学術研究者の団体であり、そこから発せられるさまざまな声明・勧告・宣言等は、政府や社会、とりわけ学術界に影響を与えてきたことは確かである。この状況は今後も変わらない。それ故、今回の問題についても慎重な審議を重ね未来に禍根を残さないよう慎重な配慮をお願いしたい。

なお、以下では、日本学術会議は日本の大学や研究機関(以下、大学等)やそこにおける学術研究者を代表し、企業の研究機関・研究者までも一般的に代表するわけではないとの立場をとっている。

(1) 大学・研究機関で行なわれる学術研究について

(a)(学術の原点)　科学者の学術研究の原点とは「誰のための、何のための、学術研究か」の問いに対する心情の覚悟のことであり、それは「普遍的な真実を探求する営みを通じて世界の平和と人類の福利に貢献すること」であることは論を俟たないだろう。この原点は環境条件の変化や時代の要請に左右されるものではなく、科学者の誰もがこの原点から出発し、それを持ち続けることに矜持を抱いてきたはずである。

（b）（学術研究の自律性と公開性）　学術の原点を順守する上においては、学術の研究は自由で自律的に行なわれねばならず、研究成果の発表・公開の完全な自由が保障されねばならない。それを保障するために大学の自治の慣行が確立し、学問の自由が憲法二三条に明示されている。また、学術研究の成果は公共財であり、誰もが等しくその成果を享受することができねばならない。

（c）（科学に携わる者の倫理規範）　科学に携わる者は、慎重の上にも慎重を期して、自分が行なっている研究や開発した技術が社会の平和や人間を破壊する方向に用いられないか、常に問いかけ、身を戒め続ける必要がある。それが科学に携わる人間が持つべき基本的倫理規範である。また、研究を進めるにあたって、科学者の誰もが研究資金は自律的な研究活動と自由な発表・公開が保障された学術機関からのものであることを望んでいる。少しでも研究活動への干渉や成果の発表・公開についての阻害が予想される場合には、拒否するという節操心を保持しなければならない。

（２）防衛省の委託研究制度（競争的資金制度）について

（ａ）（軍事技術利用の推進が目的）　防衛省のこの制度は、「将来の装備品に繋げていくことを想定」した委託研究制度であり、軍事技術利用推進（つまり軍事研究）を明言し、この目的にかなった成果を求める委託契約であることから、学術の原点と齟齬していることは明らかである。

（ｂ）（自律性と齟齬する制限）　この制度では「公開の完全な自由」は保障されておらず、「公開」を縛る制限付きであること、防衛装備庁への定期的な報告義務があるとともに「継続的な協力」で一生束縛される義務が生じること、さらにＰＤの指示の下ＰＯによる研究進捗管理が行なわれることから、自由で自律的な研究環境が保障されていない。これらは防衛省の制度の目的が軍事技術の開発であることから、当然予想される限定条件と言える。いずれも自由で自律的な学問研究の精神と相いれない制限が課せられていることは明らかである。

（ｃ）（防衛省資金という意味）　軍事技術に転用できる基盤技術を抱えているのが大学であるのだが、この資金提供によって、基盤技術の開発提案のみならず、軍事技術開発のための人脈作り、継続的な協力関係、技術収集や情報提供者としての役割など、大学やその研究者を防衛省の都合のよいパートナーにしていく狙いもある。果たして、防衛省からの資金による軍事研究を擁護する専門職倫理があるだろうか？　各大学の広報において「安全保障技術研究推進制度」に採択されたと書くだろうか？　当事者が軍学共同を隠したがることこそ、軍事研究は汚い、倫理に外れた行為と認識している証拠であろう。

（3）防衛省からの委託研究資金を受け入れる研究者の言い訳について

（a）（三つの言い訳）　研究者は、防衛省資金を得るために、軍事研究を国家の安全のためとか、国から研究費を得ているのだから国の命令には従うべきとか、軍事研究であろうと科学や技術がより発達するのでよいとか、いろいろな理由・口実を述べるが、基本的には次の三つの言い訳に集約できるだろう。それらは、（i）研究費がないので軍からの金であろうと欲しい、（ii）自分は核兵器開発には反対だが、通常手段の防衛のための軍事は許されると思うので、その範囲の軍事研究は構わないのではないか、（iii）すべての科学・技術はデュアルユースで研究現場では軍事・民生の区別はつかないのだから、予め軍事利用だとして禁止できない、というものである。以下（i）に（b）で、（ii）については（c）でコメントし、（iii）については項目（4）としてより詳しく論じる。いずれにしろ、軍からの資金は汚い金であるという後ろめたさがあるが故に、あれこれの言い訳を口にしていることに注意すべきだろう。

（b）（研究者版経済的徴兵制）　科学技術基本計画で打ち出された「選択と集中」という政策

によって大学等の研究者の経常研究費はほぼ枯渇し、今や競争的資金を獲得しなければ科学研究を続行することが困難になっている。競争的資金は選択された(限られた)分野や研究者に集中し、多くの研究者には配分されず彼らは研究費不足に喘いでいる状態である。研究費がなければ研究ができず、研究ができねば論文が書けず、ますます競争的資金が獲得できないという悪循環に陥ってしまう。つまり研究という行為そのものが不可能になってしまうのである(実際に、そのような状態の研究者が多くいる)。ならば、たとえ軍からの資金であろうと、成果の公表ができなくなっても、せめて研究が継続できる状態を維持したいと望む研究者が出てくるのは当然である。それを私は「研究者版経済的徴兵制」と呼んでいるのだが、そもそも日本の高等教育への投資が少ないこと、「選択と集中」という真に科学を育てる方向とは正反対の科学技術政策であること、などの理由により政府・財務省・文部科学省の施策に主たる原因がある。この問題こそ、日本学術会議が腰を据えて議論し、声明なり勧告を通じて政府に働きかけていくべき喫緊の問題だと考える。

(c)(防衛のための軍事研究は許容される)　この議論は、日本国憲法第九条をどう読むか、その解釈で防衛のための戦力は許されるか、許されるとしてもどこまで許容されるのか、その歯止めはあるのか、など国防論議になって果てがなくなってしまう。私は、日本国憲法では非武装が基本原則であり、防衛のためといえども一切の武力を保持すべきではないと考えている。なぜなら、歴史上に起こったすべての戦争は「防衛のため」を口実として開始され、「国を守るため」として侵略戦争も合理化されてきたからだ。すべてのいかなる対立・抗争であっても交渉・話し合いで解決されるべきであり、それは可能であると考えている。

言うまでもないが、防衛のための軍事技術だからよいとするのは単純すぎる考えで、防衛技術は必ず攻撃のための軍事技術とセットになっており、それらは互いに競い合ってエスカレーションしていくのが常である。その結果、より危険なものに変質していくことが武器の歴史を見ればわかる。その究極は核兵器の保有(及びその使用の脅し)であり、世界で核兵器保有国が増えてきた理由もそこにある。このような愚かな選択から免れるには、出発点である防衛のための軍備は許されるとの考えを捨てることである。日本学術会議としてとるべき論理は、日本が専守防衛を国是としたことをそのまま受け入れるのではなく、世界の平和と人類の幸福という学術の原点から防衛論議に加担せず、人間や社会を破壊する武力を一切有しないという理想の下に、軍事研究とはいかなる関係も持つべきではないとする立場である。赤狩りで聴聞会に呼ばれたリリアン・ヘルマンは「良心を今年の流行に合わせて切断するようなことはできません」と述べた。学者としての「良心」を「学術の原点」に置き換えて、じっくり味わってみるべき言葉ではないだろうか。

(4) デュアルユース技術について

(a)(民生利用と軍事利用)　防衛省で使われているデュアルユース技術は、正確には一つの技術が軍事利用と民生利用の双方に使い得るという意味だから「軍民両用技術」と呼ぶのが正確で、あるいは民生技術を軍事開発のために調達し駆使することだからデュアルユースを「軍民転換」とか「軍民統合」と呼ぶことも可能である。民生技術と軍事技術は区分けできないとよく言われるが、資金源はどこであるか、その資金を提供する目的(意図)は何であるか、そして公開が完全に自由か条件付きか、で明徴に区分けができる。つまり、民生技術とは、資金源は学術機関であり、社会的生産力と人々の福利を向上させるための研究活動を指し、その成果の発表・公開の完全な自由が保障されている。これに対し軍事技術とは、軍あるいは軍から資金提供を受けた機関が資金源となり、国家の安全保障という名目で国防を目的とし、起こりうる戦争を効率的に行なうための技術開発活動で、そのような技術の本来的な性格から秘匿される可能性が非常に高いため、さまざまな限定条件をつけて成果の発表・公開が制限されることになる(なお、産学共同に基づいて産業界が資金源となっている場合、資金源としては民生研究と見なすべきであるが、その目的や公開性に関してはその限定条件を明確にした上で判断しなければならない。ところが、現状の産学共同がその進め方に関する統一的な基準を一切議論せず曖昧なまま、なし崩し的に進められており、そこに問題があることを指摘しておきたい)。

(b)(スピンオン=軍民転換) この委託研究の目的は、大学等においてなされている民生研究を、防衛装備庁における防衛装備品開発のための基礎研究という名目で軍事技術へ転換させることである。これはいわゆる「スピンオン」で、まさしく「軍民転換(民から軍への転換)」と言うべきであり、軍事転用することによって既に大学等で着手されている民生利用の可能性を狭める結果になることは明らかである。従って、「デュアルユースだから、あるいは民生にも利用できるのだから用途が広がる」という発言は錯誤であることは明白だろう。スピンオン=民から軍への転換は、民生技術の利用を軍事が横取りすることによって、利用範囲が狭まるのだから。ましてや、日本学術会議の大西会長が総会で述べた「防衛装備庁も使えるかもしれないが、製薬会社や化学工場での事故の際にも使える研究だということで認めた」との言い訳は、全く転倒した論なのである。

(c)(防衛省のデュアルユース)「安全保障技術研究推進制度」のパンフの説明では、開発された技術を防衛省としての防衛・災害・PKO活動での使用と、開発側が自主的に民生利用することに任せるとしてしかデュアルユースを規定していない。当然とは言え、防衛省としてはもっぱら「スピンオン＝民から軍への転換」しか考慮しておらず、デュアルユースという言葉によって技術の利用範囲が広がるという幻想を持つのは間違いである。

（d）（軍事用品の民生利用）　デュアルユースの宣伝には、GPSやインターネットなど元々軍事目的で開発された製品が民生利用されて多くの人々を潤わせたという実績が広く流布されている。いわゆる「スピンオフ＝軍から民への転換」で、それは事実である。しかし、そのような事例の多くは潤沢な軍事費が背景にあってこそ可能となったものであり、最初からそれだけの資金提供が保証されておれば純粋の民生研究においても開発できたケースもあるだろう。むしろ、いくら民生利用の可能性が指摘されても軍からの制限によって民生開発ができなかった（あるいは開発競争に後れを取った）事例があったことを忘れてはならない（トランジスタの開発、CCDカメラの開発などが想起される）。何よりも、軍事用品は軍がどう利用するかを決定する権限を持ち、大学等の研究者は直接関与することができない。つまり、大学等が責任を持って関与し制御できるのはスピンオン（＝民から軍への転換）であって、そもそも軍事用品のノウハウにタッチできない研究者に対して、スピンオフ（＝軍から民への転換）までもデュアルユースの利点であるかのように言い立てて研究者を誘い込むのは無責任と言うべきである。

（5）防衛省資金が学術研究に及ぼす悪影響

（a）（大学等への直接の悪影響）研究の発表・公開の完全な自由が保障されていないことからくる直接的な悪影響として、（1）防衛省資金で購入された設備や研究室に当事者以外が関与できなくなり、一種の治外法権の場となり大学の自治に反する（現にアメリカの研究所では軍事研究のためにオフリミットとなっている空間がある）、（2）研究担当者個人の教室内ゼミでの研究発表が自由でなくなり、研究者間の自由な交流が阻害される、（3）特に、研究を手伝うことを命じられる学部生・大学院生・留学生・若手研究者などにも研究発表の自由が制限され、多くの研究者とのディスカッションによって研究の実態を学んでいく過程にある彼らの成長にとって大きな障害になる、（4）研究内容を漏らしたことによる秘密漏洩罪に問われかねない事態が生じ、他の研究者や研究現場にも研究発表についての躊躇が生じ、教室・学部・大学を委縮させる懸念が生じる、（5）その研究が人々の幸福のための真理の探究でなくなることによって醸成される研究者としての精神的堕落は、同僚や若手大学院生やひいては大学全体の学問への信頼を喪失させる、（6）自分の研究を自由に語らない（語れない）教員は学生や周囲の人々に対して学問をする魅力そのものが語れなくなり、それは本人だけでなく学生や周囲の人々との知的対話を喪失していくことであり、学問の退廃につながることになる。

（b）（大学等の社会的立場への悪影響）　研究活動や研究内容が外部から見えなくなり、国民への説明責任が果たされなくなってしまう。そのことは「象牙の塔」の復活であるばかりでなく、研究が特殊な方向に誘導され、偏ったものになっていくことへの修正が利かなくなり、独善的な学者として暴走し社会的信頼を失うことになりかねない。戦前・戦時中の医学者が行なったような極秘の人体実験や生物兵器開発などの組織的犯罪も、大学と軍との隠された関係から生じたのは確かである。医学の発展のためとか国家を守るためと信じて疑わないまま倫理の道筋を越えてしまったのだ。科学者は独善的になりがちであることを自覚して、常に自分に対してその正邪を客観的に問いかけ、集団としてのチェック機能を働かせ続けねばならない。オープンキャンパスとか研究室公開を行なっているのは、社会への説明責任を全うするとともに、研究内容を公開することによって研究の現場が独善的になっていないことを市民に示す一つの重要な機会なのである。

（c）（研究者個人の意識への悪影響）　いったん防衛省の公募に応じ採択されないと、次回は採択されるよう、より効率的な防衛装備を考案し、次回がダメならもっと、次々回にはさらにもっともっと効率的な防衛装備を考案するというふうに、のめり込んでいって引き返すことが困難になる。心理学でいう「同調心理」で、知らず知らずのうちに軍事協力という役割を果たすことが当たり前になり、それが積み重なると健全な研究者意識を失っていく危険性がある(心理学の実験で「アブグレイブの監獄実験」がよく知られている)。あるいは、一度防衛省資金を得ると、研究費のために軍事研究にのめり込み、その資金がないと研究の継続ができなくなるという状況が生まれ、軍に依存する体質になってしまう(麻薬効果)。科学研究者は、一般的にある事柄に夢中になると、それにとことん打ち込むという特性があり、軍事研究がその対象になる可能性があることに留意すべきだろう(その結果、悪魔の兵器の開発を平気で行なうようになってしまう)。

(d)(学生等への悪影響) 軍学共同の手伝いをさせられる学生等の意識への悪影響として、指導教員の指導・命令で軍事研究を行なうことから、軍事開発に動員されたという意識がないまま研究に従事するのが通常になり、学術の原点についての倫理意識や社会的意識に欠けた学生しか育たず、そんな視野の狭い学生を社会に送り出すことになる(実際に、若い頃に軍事研究に使われた研究者が、そのように述懐している)。自分の研究結果の社会的責任まで自覚し、その知識を社会と共有するという倫理意識を持った次世代の人間を育てるという、まさに公共財としての大学の任務を放棄したことになる。

（e）（今後の研究への悪影響）　防衛省からの直接的な委託研究だけでなく、防衛省から委託を受けた企業との産学連携による共同研究を通じ、防衛省資金の迂回援助が行なわれ、産軍学連携へと拡大していく可能性がある。戦争中の日本においては大学が主導権を握って産軍学連携が行なわれたという歴史があり、まさに軍事に隷属した科学研究という状況になっていったことを忘れるべきではない。このまま防衛省資金が大掛かりになると、研究者の軍事研究への拒否意識が薄くなって組織的に取り込まれ、やがて米国防高等研究計画局（DARPA）との直接接触、防衛省・米軍との共同研究、米軍への情報提供などを通じて、アメリカの軍事研究に動員されるという事態になる可能性がある。政治的に対米従属的な日本なのだから、軍事開発研究では独立性が保てるとは考えられず、アメリカの産軍学複合体に取り込まれていく危険性があるからだ。これらは「杞憂」のように思われるかもしれないが、軍事に関わるとその巨大な軍事マネーで研究者は惹きつけられ、身動きがとれなくなっていくことは否定できない。

（6）日本学術会議が軍学共同を容認する場合の悪影響

容認する場合として

（i）五〇年、六七年の決議を覆し、防衛省との共同研究を全面的に容認する場合、

（ii）覆さず「堅持する」と言いつつ、「明白な軍事研究ではないと認定できる」あるいは「自衛のための防衛技術に限る」というような条件付きで、防衛省との共同研究を容認する場合、

が考えられる。その場合の悪影響として、日本を代表する学者の集団が、防衛省からの資金導入によって軍事研究に携わることを許容したことになる。さらに、研究行為における秘密保持を公認することにより、研究内容や成果の無条件の公開・自由な交流が阻害される可能性を受け入れてしまう。その結果、大学における自由で自律して行なわれる学術研究や大学教育が阻害され、大学の自治や学問の自由が危機に瀕し、公共財としての大学の役割が果たせなくなると危惧される。それは「世界の平和と人類の福利に貢献する」という学術の原点の放棄でもある。具体的に日本を代表する学術研究者の集団がこのような決定を下すならば、

（a）政府・財界・防衛組織から、「学者は金の力で屈服させられる」と甘く見られ、今後見くびられるようになるのは確実である。

（b）つまり、専門家として求められる政府への提言や勧告などについての重みがなくなり、今後せいぜい御用学者的な役割を演じるだけになってしまう。

（c）市民社会において、専門家としての批判・提言・助言に見識があり誠意あるものと受

け取られなくなり、利害に敏な学者の戯言としてしか受け取られなくなる。

つまり、学術研究は研究者が知の創造と継承を行なうという市民から委託された任務を全うすることによって成される事業であり、その重要性を認めて大学等の研究教育組織が設立され、国家資金の支援を得てきたのだが、それへの信頼が根底から揺らぐことになり、学術研究者への社会的信頼度が著しく低下するのに留まらず、そのような学者の集団である大学への予算の削減を招く事態を招来することは明らかである。

（7）日本学術会議に求めたい声明

五〇年及び六七年の決議を堅持し、世界の平和と人類の幸福という学術研究の原点を矜持と節操を以て遵守することを誓い、軍事開発と関連する機関からの資金は一切受け取らない。ここで言及している軍事開発と関連する機関とは、防衛省や米軍そのもの、及び防衛省や米軍が資金を提供する団体・機関を指す。

3　日本学術会議の「声明」と「報告」

「声明」の発出まで

検討委員会は、二〇一七年二月四日に一般の人々が参加する日本学術会議主催の学術フォーラム「安全保障と学術の関係：日本学術会議の立場」を開催した。この場では、杉田委員長から「委員会中間とりまとめの状況報告」が行なわれ、大学等において軍事研究に慎重であるべきとする見解を集約しつつあることが述べられた。これに続いて、前もって募集（あるいは依頼）していた日本学術会議の会員・連携会員・財界・マスコミからの発言があり、総合討論で日本学術会議への注文や、大学が軍事研究を行なうことの問題点についての参加者からの意見表明があった。一、二の発言を除いてほとんどが軍事研究に反対する意見で、日本学術会議として五〇年及び六七年の決議に続くスジの通った声明を期待する声が強かった。

一般市民も参加した集会だったこともあって、健全な意見が多数を占めることは予想された。このフォーラムへの参加希望者は予め日本学術会議事務局に登録しておかねばならず、防衛省の制度に批判的な人々が一斉に登録すると予想されたからだ。事実、かなり早い段階で定員に達したように社会的な関心が高く、それは私たちの活動が一定功を奏していることの現れでもあると思われた。

　しかし、一般的に言って軍事研究の賛成派はこのような集会には来ないものである。政府のお先棒を担いでいることをわざわざ公言するまでもなく、ただ放っておいて無関係のような顔をしておればいいからだ。ましてや反対派が多いであろうと予想される場にノコノコ出かけて行って、あえてブーイングを浴びるような賛成意見を述べようとはしない。というわけで、公開シンポジウムでの発言数が賛否の割合をそのまま反映しているわけではなく、これで世間の多数は軍学共同に反対していると判断してはいけない。「声無き声」とか「サイレントマジョリティ」の存在を無視するのは危険なのである。

　実は、このことは日本学術会議の部会や総会における討論の場で出される意見に対しても当てはまる。一般に、防衛省の資金を拒否すべきという建前として正当な意見は多く出されるが、直接の軍事研究ではないから、あるいは自衛のための研究なら防衛省資金も構わないのでは、というような妥協的な意見は出しにくいものである(研究費が欲しいからとは言えない)。軍事研究容認派と見なされて非難を受けたり、傍聴に来ているマスコミに書かれたりするのを嫌がり、意識的に発言しない会員が多いためである。だから、討論で出された意見が多数であるからといって安心できない。実際、過去の日本学術会議の議決において、討論の段階では賛成意見が多く出されていたのだが、無記名投票にすると反対派の方が多かったことが何度もあった。もの言わぬ反対者が多く沈潜していて、最後の投票で力を発揮するというわけで、学者の世界であってもこのようなあざとい状況が生じるのである。

そのためもあるのだろう、会員同士が鋭く対立するような問題について日本学術会議としてのまとまった意見が出せなくなり、やがて状況を前もって斟酌してあえて触れないという風潮になってしまった。いわば、誰もが賛成するような(あるいは、文句を出しようがない無難な)問題しか扱わなくなったのである。また、かつて政府に睨まれたことがトラウマになっているのか、少しでも政治に絡みそうであれば避けて問題にしないということも当たり前になってしまった。まさに「政治的な問題は避ける」という「政治的な判断」が罷り通るようになったのである。

その結果として、日本学術会議は科学(者)だけにしか関わらない狭い問題、社会から見ればどうでもいいような問題ばかりを議論していて、社会的に注目を浴びるような核兵器禁止問題・水俣病のような公害やエイズの非加熱剤のような薬害の問題・原発や放射線被曝問題など、科学に関連する数々の問題が起こっていながら、日本学術会議としての言識の高い意見が何も言えないでいる。分野によっては、いわゆる御用学者や企業と結びついた学者が会員の多くを占めていることもあり（会員推薦制になった弊害）、テーマ次第では政府に迎合する意見が「報告」として出されたりもする。そのようなこともあって、日本学術会議の社会的ステータス、つまり重要度が下がってしまった。会員選出法も一般の科学者すら関与しにくくなったためもあって、日本学術会議はあってもなくてもよい機関と見なされるようになってしまったことは否めない。

しかし、今、議論となっている大学の軍事研究に関わる問題は、大学や研究機関に防衛省からの資金が直接入って来て、研究者たちが軍事研究に携わる状況になりつつある事態をどう考えるかという差し迫った問題であり、「わが国の科学者の内外に対する代表機関として」の意見表明を避けるわけにはいかない。一九六七年に「戦争を目的とする科学の研究には絶対従わない決意の表明」を宣言して以来五〇年の間、日本学術会議として軍事研究に関して何ら意見表明を行なっておらず、このまま知らぬ顔で通り過ぎることはできないのも明らかだろう。こうして検討委員会として「声明」を必ず出すことが当然という雰囲気で議論が続けられ、三月には成案に到達したのである。

検討委員会としては重大な問題であるため、三月二四日の幹事会で「声明（案）」が了承され、全会員が揃った四月の総会で決議されることを希望していた。ところが議論の結果、そのまま幹事会で「声明」として決定し発出することになってしまった。多くの幹事会メンバーが、総会でさまざまな意見が出て「声明」が出せなくなる事態(あるいは無記名投票となって「声なき声」の勢力によって否決されてしまう事態)を恐れたためと考えられる。そのような危惧があるので、合意が得られる幹事会でさっさと決定してしまおうというわけだ。総会の場で多くの異論が出て揉めようとも、それが日本の実情を反映しており、この問題を広く議論していくためには必要なステップである、だから総会での議論が望ましいと私は思うのだが、幹事会メンバーの多くは「声明」そのものを出すことを重要と考えたのだ。

こうして二〇一七年三月二四日に決定・発出されたのが「軍事的安全保障研究に関する声明」である。そして、四月一三日の総会時に開催された幹事会で「報告　軍事的安全保障研究について」が、「声明」に関連する付属文書として承認され、翌日発出された。

「報告」の内容

「声明」の方が先に決定されたのだが「報告」に問題の経過や背景説明が詳しく書かれており、むしろ「声明」はその要約に当たるので、決定の順序は逆なのだが、以下ではまず「報告」の内容を紹介することにしたい。

「報告」の最初は、「1　作成の背景」で、検討委員会が設置された経過が簡単に書かれている。続く「2　現状及び問題点」以下が本論で、そこでは近年再び軍事と学術とが各方面で接近していることを、

(1) 技術・知識の軍事利用と民生利用の線引きが困難になりつつあること、
(2) 学術が軍事と関係を深めることで学術の本質を損なう危惧があること、
(3) 防衛装備庁が大学等の研究者を対象とした「安全保障技術研究推進制度」を発足させたがこれへの対応の検討を要すること、

の三点にまとめ、それが背景にあるとしている。実際には、「報告」「声明」とも直接防衛装備庁の制度への賛否や応募の可否については何ら触れていないが、この制度の発足がきっかけとなって、これらの問題点がクローズアップされることになったと明確に述べている。

そして「3　報告の内容」で検討委員会の審議事項として挙げられた五点を網羅する形で、六つの項目を掲げて詳しく論じている。

「(1) 科学者コミュニティの独立性」においては、戦後日本の科学者は、戦前に科学者コミュニティが政府からの独立性を確保していなかったが故に戦争に協力してきたことを反省し、学術の健全な発展とこれを通して社会の負託に応えることを科学者コミュニティとして追求す

べきである。特に、軍事的な手段による国家の安全保障に関わる分野の拡大・浸透が学術の健全な発展に大きな影響を及ぼす故に、学問の自由を基礎とする大学等における研究のあり方に関連して、防衛装備技術の研究も含まれる軍事的安全保障と学術との関係を論じる必要がある、と問題点を根底から考えた提起となっている。

続く「(2) 学問の自由と軍事的安全保障研究」においては、学問の自由の確保には学術研究の自主性・自律性、そして成果の公開性が保障される必要があり、人権・平和、福祉・環境などの普遍的な価値に照らして研究の適切性を判断することは科学者コミュニティの責務であり、個々の研究者の自由を侵すものではない。つまり、学術研究は、個々の研究者の自発的研究意欲と科学者コミュニティ内での相互批判が肝要であって、政府の介入のようなものがあってはならない。ところが、軍事的安全保障研究の分野では研究の方向性や秘密性の保持を巡って政府による研究者の活動への介入が大きくなる懸念があり、防衛装備庁の「安全保障技術研究推進制度」は、将来の装備開発につなげるという明確な目的を持ち、装備庁の職員が研究中の進捗管理を行なうなど政府による研究への介入の度合いが大きいと、「政府による介入」という言葉を二度まで使い、学問の自由が脅かされる危険性を強調している。

「(3) 民生的研究と軍事的安全保障研究」では、軍事的安全保障研究には(ア) 直接軍事利用を目的とした研究、（イ）資金源が軍事関連機関の研究、（ウ）成果が軍事的に利用される可能性がある研究の三つがあり、基礎研究であれば軍事的安全保障研究にあたらないわけでなく、（ウ）の範疇の軍事利用につなげることを目的とする基礎研究も軍事的安全保障研究として捉えるべきである。民生研究と軍事的安全保障研究をしっかり区別し、相互に転用する可能性に注目することが重要である。また軍事的安全保障研究の技術で自衛目的と攻撃目的の区別は困難な場合が多く、自衛目的だからという論は成り立たない。科学者が、自らの研究成果がいかなる目的に使われるか管理することは難しいから、研究の「入り口」で慎重な判断が求められる。この場合の「入り口」とは、資金源がどこであるか、そして究極の研究目的は何かのことであり、それによって研究成果が軍事用として使われないための判断をすべきことを述べている。

「(4) 研究の公開性」の項では、学術の健全な発展にとっては科学の研究成果が広く公開され共有され相互に参照されることが重要で、軍事的安全保障研究では秘密性の保持が要求されがちで自由な研究環境の維持について懸念がある。また先端的な研究領域では安全保障貿易管理などの制度の整備が不可欠である。特に、大学では国際的な共同研究が多く行なわれており、軍事的安全保障研究を導入することによって、国際的共同研究への支障、自由で開かれた研究・教育の環境の維持、学生等への進路の限定などについての懸念もある。公開性についてはどの研究者ももっとも気にすることであり、曖昧な形でごまかしてしまわないようにすべきことは言うまでもない。

「(5) 科学者コミュニティの自己規律」の項では、いかなる研究が適切であるかは科学者コミュニティで共通認識が形成される必要があり、同時に科学者コミュニティは学術のあるべき姿について社会と真摯な検討を続けることが重要で、日本学術会議はその役を果たさねばならない。研究成果は軍事目的に転用され攻撃目的のために使われ得るのだから、大学等では軍事的安全保障研究と見なされる可能性のある研究の適切性について、その目的・方法・応用の妥当性の観点から、技術的・倫理的に審査する制度を設けることが望ましい。また学協会でもガイドライン等を設定することを求めたい。研究の現場である大学等において研究の適切性・妥当性をしっかり議論して審査制度を設けることを勧告している。

「(6) 研究資金のあり方」では、現在基礎研究分野を中心に研究資金の不足が顕著になる一方、軍事的安全保障研究の予算は経済的合理性による制約を受けにくく増加する傾向にあり、それが学術研究の財政を圧迫し基礎研究等の健全な発展を妨げる恐れがある。学術の健全な発展のためには、科学者の自主性・自律性・成果の公開性が尊重される民生的な研究資金を充実させていくべきである。

以上が「報告」の概要で、防衛装備庁の「安全保障技術研究推進制度」への言及は少ないが、懸念や危険性を指摘して警戒すべきことを述べ、直接的に「応募すべきではない」とは述べていないが、実質的に「拒否すべき」と勧告している。なぜ、明確にこの制度に応募するべきではないと述べなかったかの理由として、杉田委員長は、日本学術会議は大学等の研究に対し何事かを命令する立場ではなく、そこは個々の研究者なり機関が自律的に判断すべきだと述べている。むろん、それだけではなく、防衛省というレッキとした日本の一部局が創設した制度を否定するかのような意見を公然と述べることは、政府筋とも軋轢を引き起こして日本学術会議への攻撃が強くなることは明らかだし、応募に対して寛容な大西会長が強く反発して声明も出せなくなってしまうというような懸念もあったに違いない。大げさに言えば、日本学術会議の存亡に関わる問題が引き起こされかねないので、それは避けることにしたのではないかと思っている。しかし、よく読めば詳細まで詰めて考えられており、重要かつ貴重な文章として歴史に残るだろう。

「声明」の内容

以上の「報告」が土台となって「声明」が作成されたため、使われている文言はほとんど同じで、さらに付け加えることはない。ただ、「声明」で新たに上記の(1)の文脈の末尾に

われわれは、大学等の研究機関における軍事的安全保障研究、すなわち、軍事的な手段による国家の安全保障にかかわる研究が、学問の自由及び学術の健全な発展と緊張関係にあることをここに確認し、上記二つの(一九五〇年と六七年の)声明を継承する

と加えられていることは重要である。審議事項の①としてあった「五〇年及び六七年決議以降の条件変化をどうとらえるか」に対しての明快な回答と言える。

ここでは、大学等に求められている軍事的安全保障研究の位置づけを、時代や社会の環境条件の変化として捉えず、二つの決議は時代を超えて重要であるとみなし、さらにいっそう発展させるという意志を込めて「継承する」という言葉を使ったと考えられる。実際、大西会長自身が「二つの決議を堅持する」と述べていたように、単に「堅持」して奉るのみでは空洞化して言葉だけになってしまいかねないからだ。この点は日本学術会議として追求し続けるべき目

標であり、「声明」の最後に付されているように

科学者を代表する機関としての日本学術会議は、そうした議論（研究の適切性に対する科学者コミュニティとしての共通認識）に資する視点と知見を提供すべく、今後も率先して検討を進めて行く

と決意を述べている。これには、日本学術会議として軍事研究に関わる問題について、五〇年間沈黙を続けてきたことへの反省が込められている。次章に見るように、米軍資金が大学等に多く導入されている事態はずっと続いており、さらに様々な形で軍事協力が進んでいるのは事実なのだが、何も言わずにきたからである。そのこと自身は、日本の学術界が、少なくとも公的には軍事研究に関わらずに済んできたため、日本学術会議として関知すべき問題ではなかったとも言える。事実、私も軍学共同に対して二〇一四年になるまで気にも留めなかったし、実際に問題にしなくていい状況が続いていたのである。とはいえ、大っぴらな形ではなく、じわりじわりと科学者の軍事研究への誘いは進んでいたのである。

第3章　軍事化する日本の科学

本章では、現在の日本で進行中の軍学共同の実態についてまとめ、政府や防衛省が今後さらに進めようとしている軍事化路線について解説する。このまま軍学共同路線が拡大していけば、日本がいかなる軍事大国になっていくかを考えてみたいからだ。

まだあまり気づかれてはいないが、第1節に見るように、日本の科学研究における軍事化は大規模ではないにしても多方面から進んでおり、大学や学会においては暗黙のうちに軍事研究への認知が進んでいると言える状況である。それらに参加する研究者には軍事化路線に加担しているという意識は薄く、通常の研究活動の一つと見なしている。まさしくそれが軍当局の狙いで、自然のうちに軍と関係する環境に馴れさせることにより、科学者が戦争を受け入れる体質に変えていこうとしているのである。その結果として、科学者は公然たる軍学共同に対し特に違和感を抱くことなく、むしろ当然と考えるようになる。やがて、研究費の軍への依存が強くなり、研究内容の軍事への偏りが顕著になっても、もはや引き返すことは不可能になってしまう。こうして戦争に奉仕する科学となり、科学者は仕方がないとして軍事研究に励むことが普通になる。そうなると科学の軍事化の完成である。日本は、まだそこまで科学の軍事化が進んでいないが、そのような状態に徐々に近づきつつある実態を見ておこう。

続いて第2節で、防衛省は大学等への軍事研究のための委託研究予算を増やしているが、その背景にある彼らの戦略について考えてみたい。私の予想では、当面(第一ステップ)装備化を目指す基礎的技術開発を充実させ、次の段階で(第二ステップ、二〇一七年度から)軍産複合体の形成を開始しつつ、技術的には「死の谷」をいかに飛び越えるかを図る。続いて(第三ステップ、五～一〇年後)、省庁間協力の下で産学共同と軍学共同を結び付けた軍産学官複合体形成を本格的に進めるとともに、武器の国際共同開発と武器輸出入のための基盤を成す実力を身に付ける。そして最終的には(第四ステップ、二〇年後)、軍産学官複合体による「ゲームチェンジャー」と称する画期的な武器開発を目指すことを目標としていると思われる。実際に、最終段階においてどのような青写真を描いているかを、防衛省が二〇一六年に発表した「長中期技術見積り」で見ることにしたい。ここには詳細かつ全面的な技術開発の道筋が示されており、まさに「軍事大国への道筋」が綿密に敷かれている。

このようなキナ臭い軍の動きとともに、大学に対する「改革」圧力が強められている。その主要な目標は産学共同をいっそう推進することにあるのだが、同時に安全保障名目の軍事化をいかにスムースに大学に呑ませていくかも目標としている。今のところ、大学はまだ軍事路線に対して積極的ではないからだ。そこで、総合科学技術・イノベーション会議(CSTI)は、「第5期科学技術基本計画」で安全保障を軸にした科学技術政策を展開しつつ、大学運営(彼らは大学経営という)に介入することを宣言している。その具体化として、CSTIは基本計画のフォローアップである「科学技術イノベーション総合戦略」を毎年発表しており、産学共同及び軍学共同の推進のために省庁の尻を叩き、さらには「日本再興戦略」なるものを閣議決定して国家への学術の取り込みを図る、というまさに総がかりの体制で科学技術と大学を政治の支配下に置こうとしている。これらについて第3節で瞥見しておこう。これらを総覧すると、今まさに「大学と科学の岐路」に差しかかっていることがよくわかる。

1　進行するさまざまな軍事協力

以下では、現在進みつつある「学」の軍事協力について、私が把握した範囲での実情をまとめておきたい。さらに一つひとつ詳細に調べれば、危険な実態が炙り出されるのではないだろうか。

技術協力

あまり目立たないが、防衛装備庁が有する五つの研究所（陸上装備研究所、艦艇装備研究所、航空装備研究所、電子装備研究所、先進技術推進センター）と大学・研究機関・官公庁・財団法人などとの間で「研究協力協定」を結んで、「防衛にも応用可能な民生技術を積極的に活用する」ために行なわれているものである。その目的として

（１）大学・国立研究開発法人（公的研究機関）等の優れた技術を積極的に導入し、効果的かつ効率的な研究開発の実施に努める、

（２）相互互恵的協力との考え方の下、各々の得意な技術の相互交流、技術リスクの分散、経費の低減など研究機能を相互補完することにより、技術力を向上させる、

の二つが掲げられている。簡単に言えば、技術情報にかんするノウハウの交換であり、現在のところでは予算の執行を伴っていないようである。

通常の手続きは、まず「研究協力協定」を各機関の代表者の間で結んで基本的な契約事項を確認し、それに基づいて作成した「技術研究協力附属書」を取り交わして研究の具体的内容と

表6　現在進行中の防衛装備庁との技術協力一覧表（七大学六公的研究機関一官公庁、累計二三件）

締結年	装備庁機関名	協力機関名	研究内容
二〇〇六年	電子装備研究所	情報処理推進機構	情報システムのセキュリティ評価技術に関する情報
二〇一七年	艦艇装備研究所	海上技術安全研究所	船舶推進器の性能評価手法に関する技術
二〇一二年	先進技術推進セ	横浜国立大学	無人小型移動体の制御アルゴリズム構築等（群制御及び協調制御技術分野）
二〇一二年	陸上装備研究所	慶應義塾大学	圧縮性を考慮したキャビテーション現象に係るデータ取得及び数値解析技術の構築（キャビテーション分野）
二〇一三年	陸上装備研究所	九州大学	爆薬検知技術（IED対処技術分野）
二〇一四年	電子装備研究所	九州大学	海洋レーダを用いた海洋観測
二〇一四年	陸上装備研究所	帝京平成大学	爆薬検知技術（SPRを用いた分析法の精度・検出限界）
二〇一四年	電子装備研究所	情報通信研究機構	高分解能映像レーダ（合成開口レーダ）に関する技術情報交換
二〇一四年	電子装備研究所	情報通信研究機構	サイバーセキュリティ及びネットワーク仮想化に関する技術情報交換
二〇一四年	艦艇装備研究所	海洋研究開発機構	無人航走体及び水中音響分野
二〇一四年	航空装備研究所	宇宙航空研究開発機構	ヘリコプタの技術情報交換
二〇一四年	電子／先進技術	宇宙航空研究開発機構	赤外線センサの技術情報交換
二〇一四年	航空装備研究所	宇宙航空研究開発機構	滞空型無人航空機技術の技術情報交換
二〇一五年	先進技術推進セ	宇宙航空研究開発機構	人間工学技術の技術情報交換等
二〇一六年	先進技術推進セ	宇宙航空研究開発機構	先進光学衛星に搭載される衛星搭載型2波長赤外線センサに関する研究協力
二〇一六年	航空装備研究所	宇宙航空研究開発機構	極超音速飛行技術の技術情報交換等
二〇一六年	航空装備研究所	宇宙航空研究開発機構	航空エンジン技術の技術情報交換等

二〇一四年	陸上装備研究所	千葉工業大学	3次元地図構築技術及び過酷環境下での移動体技術(ロボット技術分野)
二〇一四年	陸上装備研究所	千葉大学	大型車両用エンジン技術の技術情報交換
二〇一五年	陸上装備研究所	金沢工業大学	水中無人車両の計測技術の技術情報交換等
二〇一五年	陸上装備研究所	金沢工業大学	IED対処技術の技術情報交換等
二〇一六年	陸上装備研究所	警察庁	耐弾時人員衝撃評価技術の技術情報交換
二〇一六年	陸上装備研究所	土木研究所	新材料を活用した応急橋梁技術の技術情報交換等

IED：即時爆発装置
SPR：表面プラズモン共鳴

参加研究者を特定している。現在進行中の技術協力の一覧表を、表6にまとめている。

現時点(二〇一七年八月)では、七大学六公的研究機関一官公庁が参加して、累計二三件について技術協力が行なわれている。一〇年以上継続している課題もあるが、年度ごとの契約案件の推移をとってみると、二〇一三年一二月に安倍内閣が軍事戦略のための三つの閣議決定を行なったためだろう、二〇一四年から急速に増加していることがわかる。

その中で、宇宙航空研究開発機構(JAXA)が七件ものテーマについて技術協力を行なっていることが目につく。そのうち、「赤外線センサの開発」のように既に防衛省予算として実際に計上されている項目があり、「マッハ五まで出る極超音速飛行の複合サイクルエンジンの開発」は「安全保障技術研究推進制度」で二件も採択されており、いかに力を入れているかがわかる(これも含めて二〇一七年度には「安全保障技術研究推進制度」で三件も新規課題が採択されており)、公的研究機関であるＪＡＸＡは防衛装備庁とつながりを強め、軍事研究に本格的に参入しようとしていることは明らかである。むろん、このことはＪＡＸＡによる情報収集(いわゆるスパイ)衛星の打ち上げやアメリカの軍事用ＧＰＳを補完する準天頂衛星「みちびき」の打ち上げなどで、ＪＡＸＡが軍事化路線を歩んでいることと軌を一にしている。

他に、技術協力と「安全保障技術研究推進制度」で採択された課題が一致するケースとして、情報通信研究機構が技術協力で「高分解能映像レーダ(合成開口レーダ)に関する技術情報交換」を行なうとともに、「安全保障技術研究推進制度」で二〇一五年度に東京電機大学の研究者の「合成開口レーダーによる目標検出機能の飛躍的な高性能化」が採択されている。無人飛行機への応用を目指して、防衛装備庁は技術協力でノウハウを仕入れるとともに、大学の研究者への資金提供によって実際の技術開発と結び付けようと算段しているのだろう。

大学との研究交流

国際化の掛け声の下で、一九八〇年代以降に多くの大学で国際関係学部とか公共政策大学院という名前の学部や大学院が設置された。いずれも国家間の外交・安全保障・経済関係などの課題を「課題設定―政策立案―政策決定―政策実施―政策評価」という一連の過程として捉え、その詳細を研究することを目的としている。その究極の目標は、自国の国力を増進させつつ、軍事的脅威から国家の独立と防衛を果たし、安全保障を確実なものとする政策を実行すると同時に、食料やエネルギー源の確保をいかに達成するかであるのだろう。それには外交関係・経済関係の分析が不可欠であり、国家間の戦争や紛争、内戦の抑圧、求められる対外行動などを世界の政治情勢の下で把握しなければならない。ここで大きな役割を果たすのが国家の軍事的安全保障政策で、端的に言えば軍事力の定性的・定量的な分析が不可欠であり、それは他国との利害対立が起こった場合の解決手段の考察につながっている。

このような議論や研究を行なうためには、自国や他国の軍備状況を知る必要があり、それを把握している防衛省所属の研究者や武官の知識を利用するのが手っ取り早い。というわけで、いろいろな大学の国際関係学部や公共政策大学院などで、安全保障に関わるテーマの際には防衛省から人を招き、机上演習や模擬討論などを行なっている。これによって、防衛省所属の人間から国際的な安全保障情勢についての(偏った)レクチャーを受けたり、学部生・大学院生・教員などが抱く平和戦略が厳しく批判されたりすることを通じて、徐々に防衛省流の論理に靡き洗脳されていくことになる。つまり、研究交流という形で大学教育の現場に防衛省の人間が入り込み、その軍事化路線に大学人を引っ張り込む(大学に食い込む)状況が生じているのである。このような「交流」はもう一〇年以上続いており、通常のカリキュラムに組み込まれるようになっていて日常化しており問題が多い。

大学教員と防衛省との協力関係

防衛装備庁には五つの研究所があり、そこには研究者・技術者(技官)が雇用されていて日々武器開発研究に従事している。そこで行なわれている研究課題(プロジェクト)の一つひとつについて外部評価委員会を設け、大学教員・公的研究機関の研究者・防衛大学校の教員など四〜五名程度が評価委員として委嘱され、研究評価をしている。プロジェクト研究が公正に推進されていることを示すためと思われる。防衛装備庁のホームページには、三〜七年くらい継続した開発の「研究試作(所内実験、基本設計)終了時点」での評価書と評価委員の名前が公表されている。一年に一二〜一六件程度が取り上げられ、二〇〇三年(平成一五年)度から二〇一六年(二八年)度までの評価書が公表されており、総計で大学教員が一五〇人以上名を連ねている。

これらは、いわば軍事研究の相談役である。戦前に軍の嘱託制度があって武器開発の相談に乗ることを通じて研究者が軍事協力していった歴史があるのだが、それと同じ役を果たす軍事顧問のような存在として遇されていると言える。このようなルートを通じて軍学共同の片棒を担ぐようになっていくのである。大学の教員は、自分が持っている知識がいかなる現場であろうと実際に生かされることを喜び、防衛省の依頼に協力する気になっているのだろうが、それが武器開発と結びつくことに違和感はないのだろうか。

それだけでなく、防衛省はさまざまな機会で大学教員を意図的に取り込もうとしており、軍学共同の一形態となりつつある。例えば、「安全保障技術研究推進制度」の審査・評価を行なう委員(外部評価委員)は毎年一五名ほど(二〇一七年度は二三名に増員された)発令されているが、大学や研究機関の研究者がほとんどである(審査に当たった研究者が採択された研究機関の関係者である場合も多い)。また、防衛省は毎年秋に「防衛技術シンポジウム」を開催しているのだが、その特別講師に著名な大学人(名誉教授を含む)に基調講演を依頼しており、さらに一般講演にも大学教員を数人委嘱する場合もある。大学と装備庁との一体的協力関係を演出しようとしているのである。

このようにさまざまな機会を通じて防衛省と関係を持った大学教員は、何がしかの報酬を得ることもあって、防衛省に対して少なくとも否定的な感情を持つことがなくなると考えられる。

防衛省はそれを期待しているのである。防衛省の存在を認知させ、さらに協力する素地を作っていくことを目指しているのだから。自衛隊の基地を一日開放して多くの子どもたちを受け入れ、武器に触らせたりブルーインパルスで感動させたりして、自衛隊への親近感を強めるのと同様で、警戒心のない大学教員を気楽に防衛省の催しに協力させて仲間に引き込んでいく手法と考えねばならない。

学生インターンシップ

この一〇年来、防衛省が意識的に学生対策として行なっていることとして「学生インターンシップ」がある。学生の体験入学を受け入れて、その感想文をホームページに掲載するなどして宣伝に努めており、学生勧誘に余念がない。各大学は防衛省のインターンシップ募集のチラシを一般企業とまったく同じ扱いで学生に公示しており、大学当局(学生部委員)や学生課職員の鈍感さに呆れている。防衛省は軍事組織であり、それへの協力は自分も大学の軍事化に手を染めることになると警戒してもらいたいものと思う(なお、自衛隊への勧誘のために高校生に働きかけることは今や常識となっているが、軍学共同の範疇から外れるのでここでは論じない)。

米軍資金

米軍からの大学等の研究者への資金供与は、第二次世界大戦終了後間もなく始まったと思われるが、明確な証拠があるのは一九五九年以後であり、現在もなお続いている。最初にこれを暴いたのは朝日新聞で一九六七年の五月のことであった。それによって日本学術会議が一九六七年に軍事研究を拒否する「声明」を出し、前年に開催した国際会議のために米軍からの資金を受け取った日本物理学会が、一切の軍事および軍事組織と関係しない「決議3」を採択したことは前著『科学者と戦争』で述べた。

その後も米軍資金に関して、マスコミの調査・報道が何度もなされていて二〇一五年までの結果は前著で書いたが、それ以後も変わらず報道されている。例えば、二〇一七年二月に毎日新聞が、情報公開請求を使って「二〇一〇年以降、米空軍から少なくとも延べ一二八人が、総額八億円以上の資金援助を受けており、米空軍と海軍から京大・阪大の一一人が総計二億円受け取っていたこと」を報道した。これに続いて朝日新聞は、米軍のデータベースの調査から「二〇〇八年以降で計一三五件、八億八千万円の援助を受け、大学が六・八億円、NPOが一・一億円、大学発ベンチャーが五百六十万円などを受け取っていた」ことを明らかにした。新しい側面は、NPOや大学発ベンチャーというアカデミーには属さない団体への米軍資金の流れが生じていることで、米軍は「手を替え品を替え」て、研究者を取り込もうとしていることがわかる。

米軍資金に限らず、企業や財団からの大学の教員への研究資金供与や寄付金があると、教員は通常「寄付金収入」として大学当局に届け出て、「委任経理金」(大学の財務課に管理を委任する資金)という扱いにすることになっている。研究費名目の企業からの寄付金が賄賂として私物化されないよう、金の流れを可視化するための仕組みである。届け出た教員は、研究名目であればその経理金を自由に引き出すことができる。こうすることで、大学当局には教員がどこから研究費や寄付金を得ていて、どう使っているかを把握でき、教員が後ろめたい金には手を出さず、私的使用しないための抑止力となる効果を期待して制度化されたのである。その制度があるために、米軍からの金を拒否する教員もいる。やはり軍組織からは堂々と貰いにくいからだ。

といっても、多くの大学ではたとえ米軍からの金であっても教員の意向を尊重して問題にしないようで、ほとんどの教員は気楽に受け入れている。その結果報道されたような実績となっているのが現実である。研究者が個人契約によって資金を得ることについて大学当局は基本的には干渉しないのだ。むしろ最近では、外部資金を多く稼いでいるとして、大学当局から褒め

られるくらいである。少なくとも米軍資金については、日本学術会議が「声明」において

まずは研究の入り口で研究資金の出所等に関する慎重な判断が求められる。大学等の各研究機関は(中略)軍事的安全保障研究と見なされる可能性のある研究について、その適切性を目的、方法、応用の妥当性の観点から技術的・倫理的に審査する制度を設けるべきである

と述べているように、大学当局は米軍への応募段階から厳しく監視し、資金提供の申し出があっても拒否する姿勢にならねばならない。米軍からの金がフリーパスとなれば、研究の軍事化が米軍を通じて進行していくことに繋がるからだ。

NPOや大学発ベンチャーに米軍からの寄付が行なわれるようになったというのは、やはり大学の教員に米軍資金を受け取ることへの後ろめたさがあって、自分は表に出ず、組織への寄付という形で誤魔化すようになったためと考えられる。こうすると大学当局の目を通すことなく、米軍から堂々と金を受け取ることができるからだ。

さらに、米軍資金の流れに新しいルートが現れたとの報道もあった。まず米軍から大学の名

誉教授に資金供与があり（名誉教授は退職した教員だから大学への届け出は不要）、その名誉教授が現役の教員に寄付するという方法である。こうすると大学には寄付者として名誉教授の名前しか出ず、米軍からの資金供与とは気づかれないから問題にされる可能性が全くない。このように、さまざまな形で迂回援助を行なって日本の学術界に食い込み続けるというのが米軍の作戦のようである。

なぜ米軍資金に群がるのか、米軍の狙いはどこにあるのか

一九六〇年代までの日本で、米軍からの資金導入に熱心であった理由として、大学予算が貧困な上に一ドル三六〇円のレートであったため、外国旅費や留学費や外国人の招請費などを日本円で賄おうとすれば非常に高くついたことがある。逆に言えば、円安だからアメリカからのドルによる援助は、たとえ少額でも実に効果的でありがたかったのである。もう一つ、この当時は医学関係での米軍資金導入が多かったのだが、その理由は戦後の日本の医療環境の貧しさのためであったようだ。貧困な状態を脱して先進国に早く追いつき、治療可能な病気や特効薬が効く感染症を早く退治したいと願ってのことであった。人の命にかかわることなので、米軍からの資金受け入れは言い訳し易かったのである。

しかし、大学予算の改善が進み、日本の経済力も強くなり、円高になった二〇〇〇年代以降も米軍資金への依存は続いている。なぜ日本の研究者は米軍資金に群がり続けるのか、米軍の狙いはどこにあるのか、考えておく必要があるだろう。

少なくとも少額の資金提供の段階では、米軍への結果報告はA4用紙一枚程度と非常に簡単であり、成果の公開も自由にできるという点が、研究者にとって第一の魅力的な点と思われる。報告が簡単であるということは、研究目的や研究内容の縛りがほとんどなく自由度が高いので、これまで行なってきた研究をそのまま継続できることを意味する。さらに、研究発表が自由にできるから、軍事機関からの資金ではあっても学術機関からの通常の研究費と基本的には同じで、軍事研究という雰囲気が極めて薄い。そのため、すっかり米軍のファンになって、一度でも米軍から資金を受け入れると、味を占めて何度も応募するようになるらしい。米軍との関係が断ち切れなくなるのだ。まさに、それが米軍の狙いなのである。もっとも、そのような良い条件での資金提供を、かえって薄気味悪いと思う研究者もいないでもない。後になって米軍から何か要求されないかと心配になるためだ。

実際、次のステップで米軍が本格的な軍事開発を行なうことを提案してくることがある。米軍は短い報告書であっても詳しく内容を検討し、その研究が軍事に有効活用できると判断すれば、今度は大金を用意して秘密で軍事研究を行なうことを持ちかけるのである。つまり、米軍は金があまりかからない餌を多く撒いておいて、モノになりそうなものがないかどうかを物色しているのだ。それが国防高等研究計画局(DARPA)の仕事で、世界中に網を張って軍事利用できそうなターゲットを常に物色しているのである。米軍から見れば、日本の研究者に大きな予算を提供しても雇用する責任はなく、人件費がかからないから、かえって安くつくという計算もしているようだ。

これが米軍の真の狙いなのだが、金を使うのだからむろん他の理由もある。日本の研究者たちの人脈を知り、役に立ちそうな人材に目を付けておき、イザという場合に協力してくれるよう関係を結んでおくことだ。堅苦しく言うと「米軍の認知と囲い込み」である。米軍基地を一日開放して武器を見せたり、航空母艦が横須賀に入港したときに見学(見物)を許可したりすることが当たり前となると、人々は米軍の出撃に思わず拍手を送るようになる。それと同じで、米軍資金を使ったソフト路線で研究者集団に入り込み、米軍の存在を自然に認めさせ共存しようというわけだ。

以上のように、日本の大学でさまざまな形で軍事化が進んではいるが、まだアメリカのように国の研究予算の半分が軍事研究に使われるという状態になっているわけではない。しかし、「安全保障技術研究推進制度」によって大学や研究機関が組織ぐるみで軍事化に邁進するようになると、これが一気に拡大し、軍事協力を競い合うようなことになりかねない。次節に述べるように、それこそ防衛省が狙っている路線である。大学では「産学共同」が当たり前になって大学人が違和感を持たなくなった今、今度は「軍学共同」というわけである。そして、軍学共同は単に「軍」と「学」の共同に留まらず、「産学官共同」と合体して「軍産学官複合体」への道に繋がっていることを忘れてはならない。右に述べた大学におけるさまざまな形での軍事協力は、そのための下地であるのだ。

２　軍事大国への道

そこで、科学の軍事化を推進しようとしている防衛省の戦略と、彼らがどのようなプログラムを考えているか検討してみよう。私は、防衛省が科学の軍事化のために「学」をどう利用しようとしているかに関して、少なくとも以下のような第四ステップまでを想定しているのではないかと考えている。

第一ステップ

「装備化を目指した基礎研究の段階」

これはまさしく、二〇一五年から開始された「安全保障技術研究推進制度」を足場にした第一段階であり、第2章に述べた軍事研究の進捗レベルのTRL（技術成熟度）で、とりあえずTRL1〜2の「基礎研究」から開始するというものである。

ここで第1章の冒頭で述べた、官庁用語では「学術研究とは、研究者の内在的動機に基づく研究」であり、「基礎研究とは、社会的・経済的価値の創造に結びつける戦略的・要請的な研究」である、ということを思い出そう。私たちは、例えば科研費で行なうような自由な発想に基づく研究を「基礎研究」と呼ぶのが普通なのだが、それは実は「学術研究」のことである。そして、官庁用語での「基礎研究」は「戦略的・要請的」とあるように、ある明確な目標が要請されていて、戦略的に開発を進めるべき研究のことなのだ。そう考えれば、防衛装備庁が募集する「安全保障技術研究推進制度」で募集するテーマすべてを「基礎研究」と呼ぶ理由がわかろうというものである。実際に、この制度で募集する「基礎研究」とは、「装備化を目的として開発を進める戦略的・要請的な研究」なのだから。

今のところは、一件三〇〇〇万円と一〇〇〇万円が上限で三カ年度の間継続可能と比較的ゆったりした研究予算としたタイプ(A、B)については、公開に関してあまりうるさいことは言わず、また自由な研究という印象を研究者や社会に与えるよう気を遣っている。応募が減らないよう(あるいは応募が増えていくよう)、一般に考えられている「基礎研究であれば軍事目的の研究ではない」との誤解をとりあえず利用しようというわけだ。

実際、二〇一五年度に採択された理研の「ダークメタマテリアルを用いた等方的広帯域光吸収体の研究」や海洋研究開発機構(ＪＡＭＳＴＥＣ)の「光電子倍増管を用いた適応型水中光無線通信の研究」では、一般公開の場で防衛装備庁からの資金で行なっている研究と明記して、製作・使用した実験装置を堂々と公開しているようだ。おそらく、ＰＯの指示の下、資金の使用や公開について自由があることを広く見せ、「学術研究」であるかのように印象付けることが目的なのだろう。いつまでこれが続くのか、ＰＯの関与や干渉がどの程度か、他の研究ではどうなのか、を今後注目しておく必要がある。

第二ステップ
「基礎的なアイデアを大規模で実証する段階」

「安全保障技術研究推進制度」が二〇一七年度より一一〇億円となったことで、第二ステップに足を踏み入れたと考えている。一一〇億円のうちの一〇億円は第一ステップの「基礎研究」を継続し(二〇一五年度から一年三億円を支給しており、一〇億円は三年分に当たる)、残る一〇〇億円の枠で一件当たり二〇億円、原則五カ年度継続が可能な大口の開発研究に乗り出しているからだ。二〇一七年度は一〇〇億円のうち一二億円を使うことにして(残り八八億円は後年度に使用予定)、六件を採択した。この大規模プロジェクトの狙いは、「死の谷」を一気に飛び越えるイノベーションを見つけ出すことにある。いかなる技術にも「基礎研究」とそれを応用して実証する段階に「死の谷」と呼ばれる大きなギャップがあり、アイデアが出されたからといって簡単に実用化への道を進むわけではない。そのことは長年武器開発を行なってきた防衛省の当事者にとっては自明のことであり、その解決方策を早く見いだしたいと願って、まだ「制度」が発足して三年目なのに一〇〇億円もの予算の大幅増を行なったのだろう。

この大口予算は、大学でいえば研究センターを新しく作る規模だから複数の研究室の合意が必要で、一年足らずで設計できるとは考えにくい。実際、大学からの応募は一七年度では一件しかなかった。そして予想通り、上意下達で理事長や社長の一存で組織の改変が決まる公的研究機関(採択二件/応募五件)や企業(採択四件/応募一二件)からの提案がまず採択されることになった。

研究開発法人の公的研究機関は、法人として決められた特定プロジェクトには(ビッグサイエンスとして)多額の予算が措置されているが、それから外れると融通性のある予算は少なく、国立大学以上に予算の削減が強制されていることもあって、研究者が自らの創意でできる研究の可能性は小さい。防衛省の委託研究であるから自分の思い通りの研究ができるわけではないが、これに採択されれば、とりあえず新しく自分で差配できる研究プロジェクトとして研究者を惹きつけているのだろう。果たして、それが研究者個人、あるいは研究機関にとっていいのかどうかは別として、気軽に軍事研究にでも手を出すかという感覚で進められているのではないだろうか。研究のみを目的とした研究機関には学生がいないから、軍事研究に手を出すことへの後ろめたさが小さいこともある。また、こうした研究機関には、科学・技術が発展しさえすればよいとの科学主義・技術主義の研究者が多い。

一方、企業は新製品の開発費の初期投資として軍事予算を利用しようと考えているためだろう、非常に応募数が増加した。その狙いとして、軍と結ぶことによって資金を引き出すとともに(軍産連携)、武器の生産を企業目的にしていくとの目論見もあるに違いない。そして、そこで得た資金を「産学共同」を通じて大学・公的研究機関に流して、「学」も引き入れるというルートを開拓することもあるのではないか。「軍」もそのことを見込んで、分担研究機関として大学を組み入れた課題を採択したとも考えられる。「産」に「軍」と「学」の間を取り持たせることで、「軍産学複合体」の形成を進めようとしているのだろう。なかなか巧妙な作戦である。

第三ステップ

「軍産学官連携のための軍民連携・省庁間協力の追求の段階」

二〇一六年八月末に出された「防衛技術戦略」（以下、「戦略」）には、二〇年先を見通した技術開発のための基本戦略が提示されているのだが、そこに至るまでに進めておかねばならない手順も数多く書かれている。その準備過程がすなわち第三ステップなのである。むろん、既に具体的に進めつつある第一、第二ステップとは違ってまだ計画段階だから、防衛省組織のみならず産業界および他の省庁との連携を視野に入れつつ、一〇年くらいの時間をかけた野心的な構想の下に進めようとの意図であると思われる。

まずこの「戦略」においては、安全保障環境に対する脅威への抑止力を強調して「軍事的（技術的）優越性の確保」を繰り返すところはいつものことなのだが、それは「武器の国際共同開発参加への基礎力であり、武器輸出入の交渉力の基盤を成す」ということを新たに付け加えていることが注目される。「武器輸出三原則」を「防衛装備移転三原則」に言い換えて、武器輸出を「原則禁止」から「原則許可」にしたことから、財界の要望通り武器の生産と輸出を拡大する道筋をつけた。それにもかかわらず、思うほど武器輸出が進んでいない原因は武器生産の基礎力と武器輸出入の交渉力不足にあるというわけで、それらをもっと強力なものにしなければならないと叱咤しているのである。日本がこれまで武器の生産や輸出ではなく、平和産業で経済的実力を獲得してきたことを忘れて、軍事に重点を移していくことの愚かさがここに見て取れるのだが、それをあたかも既定路線のごとく進めようとしているのである。

そのためにデュアルユース(軍民両用)技術の活用を謳い、民生技術の安全保障分野への活用を促進するために、民生品製作のラインを軍事生産に転用するデュアル生産を推奨する。もっとも防衛省が旗を振っているだけでは実は上がらず、ここには経済産業省の協力が不可欠である。また産業界は、大学等との民生品開発の産学共同路線から、軍事生産をも行なう産学共同へと拡大しなければならず、大学を管轄する文科省との連携も視野に入れねばならない。そのため科学技術基本計画に書き込まれているように、「安全・安心・防衛」の技術と民生技術の融合を目標にする必要があるというわけだ。

つまり、第三ステップは、防衛省・経済産業省・文科省との（それに武器輸出を考えれば外務省も含めた）省庁間協力を具体的に推し進めることが大目標になる。そうすると、大学との関係においては、既に進んでいる産学官共同と、第二ステップで進めようとする軍産連携を結び付け、それを省庁間協力という連結剤で固めること、つまり

（産学官共同＋軍産連携）×省庁間協力＝軍産学官複合体

に持っていくという方向が必然的に導かれることになる。これを具体的な目標として、防衛省は省庁間協力を積極的に図っていくのではないかと思われる。

第四ステップ

「「中長期技術見積り」の具体的実現の段階」

防衛省は「防衛技術戦略」とともに、「中長期技術見積り」と「将来無人装備に関する研究開発ビジョン〜航空無人機を中心に〜」を同時に発表している。既に述べたように、「防衛技術戦略」では一〇〜二〇年程度の期間を念頭において、軍事技術政策の目標を①諸外国に対する軍事的（技術的）優越性の確保、②優れた防衛装備品の効果的・効率的な創製の二点に絞り、その目標達成のための課題と具体的施策を論じている。いわば基本方針を示したものである。

これに対して「中長期技術見積り」（以下、「見積り」）では、防衛装備庁が中長期（五〜二〇年の範囲）の技術開発の具体的取り組みの方向を明らかにしており、「ゲームチェンジャー」となり得る先進的な軍事技術の開発計画を構想する第四ステップと位置付けることができるだろう。

ここでは防衛装備庁が描いているスケッチを大まかにまとめておこう。

軍事技術開発の重点目標を、キャッチフレーズとして列挙すると、

スマート化（人工知能などを用いた高度な制御・処理能力の確保）、

ネットワーク化（ITによる装備システムの有機的結合）、

無人化（ロボットの活用・遠隔操作の実現）、

高出力エネルギー技術（レーザー兵器・蓄電池・レールガン等の新規開発）

と言えるだろうか。現在開発中とか構想段階も含めて、軍事に適用される先進技術が満たすべき条件を「見積り」に明示しているのである。

それらを通覧すると、およそ考え得る限りの軍事技術が挙げられ、その各々についての改良・開発目標を列挙し、かつ今後開発されることが望ましい新技術への期待も記載している。それを詳細に読むと、軍事とはいかに大量の技術を動員しているかがわかる。そのほとんどは敵の探知や監視、敵との戦闘・殲滅、武器の先鋭化など、敵への攻撃を念頭においた技術開発

である。

それに止まらず、ほとんどの軍事装備品が「技術的優越」なものでなくなると簡単に廃棄され、次の新しい武器に入れ替わることになるのは自明である。こうして軍備増強という形で膨大な資源とエネルギーと人間の能力の無駄遣いを繰り返しているのである。人類は戦争というおぞましい行為から抜けきらないのだが、それがいかに持続可能性と矛盾しており、人類存続の危機を招くことになるか、と考えざるを得ない。

民生開発に及ぼす軍事技術

ここで付け加えておきたいことは、このように「軍事的必要性」によって莫大な金を投じて造られた製品が、民生品に衣替えされて人々の生活の役に立つこともあるのだが、それによって私たちの生活を豊かにしてくれるから「軍事は発明の母」と言ってよいのかどうかという昔からある問題である。確かに戦争という状況を想定すると、兵士や人々が、劣悪な環境に追いやられ、殺し殺される状況に遭遇させられ、容赦なく標的にされるし、敵に察知されないよう隠密に行動し、逆に隠れた敵を捜して見つけ出さねばならない。このような極限的な状況のなかで生じる「必要性」は、緊迫した要求となって新製品の発明に結びつくことも多いのは確かである。しかし、だからといって軍事や戦争が発明の母なのではなく、あくまで潤沢な軍事費が使われることが戦時に発明品が増える理由であることを忘れてはならない。

特に「見積り」において、「将来の可能性を秘めた技術」として列挙されているものは、ここでは軍事装備品のための技術開発を想定しているが、それらは民生品として大いに役立ち、将来の応用可能性が高いものがほとんどである。その意味では、やはりデュアルユース技術であり、夢のある技術開発につながっていく可能性もあると言える。だから、防衛省が独占して「軍事は発明の母」というような事態にさせてはならず、それらがどのように平和産業によって民生品として製品化されていくべきかを提示する必要があるだろう。

言い換えれば、科学の軍事化が進んでいくと、当然ながら民生品として大いに役立つはずの新技術が軍事開発のために独占されてしまうことになる。実際、防衛省は「将来の可能性を秘めた技術」を「萌芽的技術」と呼び、その育成のために「安全保障技術研究推進制度」を実施していると述べている。その研究の結果「良好な成果が得られたものについて、防衛装備庁において引き続き研究を行い、将来の装備品に活用することを想定している」のである。軍事研究とはこのようにして進められ、民生利用は後回しになることは自明であり、軍事研究の無意味さを、そこで費消される民生技術という観点からも見る必要があるのではないかと思う。

3 「大学改革」の方向づけ

以上のような防衛省が進めようとしている軍事化路線においては、研究者を多く抱える大学の協力が欠かせないことは明らかである。そのために「大学改革」が遅れているとの言いがかりをつけ、主に財政的措置を通じて国家が大学の軍事化を促す方策がとられている。とはいえ、露骨な軍事化路線に対してまだ拒否感の強い大学に押しつけるのではなく、産学共同をより活発化してイノベーションを進め、それによって大学を囲い込む方策とすることが当面の目標である。その動きを、順を追って探ってみよう。

「大学改革」について

二〇一四年五月のOECD閣僚理事会で、安倍首相は「私は教育改革を進めています。学術研究を深めるのではなく、もっと社会のニーズを見据えた、もっと実践的な、職業教育を行う。そうした新たな枠組みを高等教育に取り込みたいと考えています」と演説した。むろん、文科省としても、それ以前から、財界筋の求めに応じて国立大学を産業界に奉仕する場とすべく、産学共同のための条件整備と職業教育に軸足を移していくよう「大学改革」を進めてきていたのだが、この安倍演説がそれをいっそう加速させることになったのは確かである。事実、この発言に呼応するかのように、二〇一四年八月には国立大学法人評価委員会において「教員養成系及び人文・社会科学系の学部・大学院については、組織の廃止や社会的要請の高い分野への転換に積極的に取り組むべき」という方針が打ち出されたのだ。まさに「社会のニーズに合わせて大学の組織替えを行なうべき」と大学に迫ったのである。

多くの大学はこの文科省の「助言」に従って、早速、進行中の第2期中期計画の変更、あるいは準備中の二〇一六年度からの第3期中期計画の策定において、文系・社会系学部の転換という方向で組織改編を行なうことになった。国立大学は文科省の顔色をうかがいながら、その意向を忖度して点数稼ぎに励んでいるのである。実際、右の「通知」が正式に各大学に出されたのは二〇一五年六月のことで、マスコミが「人文・社会系の軽視だ」と騒ぎ、国立大学協会や日本学術会議幹事会からの反対声明もあったのだが、その時には既に多くの大学が組織替えを具体的に検討・計画・実施していたのである。

このように政府(文科省)主導の「大学改革」を国立大学が進んで受け入れるようになったのは、二〇〇四年に始まった国立大学の法人化によって一般運営費交付金を通じての文科省の大学支配が貫徹するようになったためである。具体的には、「開かれた大学」という名目で外部からの大学運営（今では「大学経営」と言われるようになったが）への介入、学長のリーダーシップの強化、教授会権限の剝奪、一般運営費交付金の削減と競争的資金への組み換え、点数制による大学のランク付けとその予算配分への反映、監事・理事・教授ポストなどへの文科官僚の天下りなど、あらゆる機会を通じて大学をコントロールするのが文科省の手法である。大学を競争原理に曝して短期の成果を競わせ、財界が要求する通りの「改革」を実践する大学を優遇し、種別化して全体としては安上がりに済ませる。それが文科省官僚の目指す「大学改革」の目標であり、大学もそれに追随しているのが実情だろう。ほんの少数のエリート大学さえあれば、他の多くの大学は産学共同や地域で社会貢献すればいい、という考えである。研究や教育を通じて世代を超えた文化を創造・継承・発展させるという高邁な大学の理想は、もはや埒外となろうとしている、とさえ言い得る。その背景には、日本の科学技術政策を打ち出してきた一九九六年以来の「科学技術基本計画」がある。ここでは最近の「第5期科学技術基本計画」を取り上げよう。

「第5期科学技術基本計画」

二〇一六年一月に総合科学技術・イノベーション会議（CSTI）で決定された「第5期科学技術基本計画」では、以下のように現在の大学が抱える問題点が総括されている。

- 我が国の科学技術イノベーションの基盤的な力が近年急激に弱まっている、論文数に関しては、質的・量的双方の観点から国際的地位が低下傾向にある、国際的な研究ネットワークの構築に遅れが見られている、科学技術活動が世界から取り残されてきている状況にある、
- 人材に関して、若手が能力を十分に発揮できる環境が整備されていない、高い能力を持つ学生等が博士課程進学を躊躇している、
- 産学連携はいまだ本格段階には至っていない、組織やセクターを越えた人材の流動性も低いままである、ベンチャー企業等は産業構造を変革させる存在になり切れていない、科学技術力がイノベーションを生み出す力に十分につながっていない、
- 我が国の科学技術や研究者・技術者に対する信頼が失われつつある、科学技術と社会との関係を再考すること、

以上の結論として、「世界における我が国の科学技術の立ち位置は全体として劣後してきている」という厳しい評価であり、それなりに正確な現状認識と言える。そして、大学がここに掲げられている問題点について、いくつかの側面で反省すべき問題点があることは事実である。そうであるとしても、私は、本来的にはこれまでの「科学技術基本計画」で掲げられてきた大学政策が間違っており、その多くの部分で反省すべきなのは総合科学技術・イノベーション会議（CSTI）であると思っている。

ところが、内閣総理大臣が議長を務めるCSTIが反省するはずはなく、大学にその責任を押しつけるのが為政者の常である。実際に、CSTIが述べる原因は、

- 科学技術イノベーションの主要な実行主体である大学等の経営・人事システムをはじめ組織改革の遅れや、組織間、産業間、府省間、研究分野間等の壁といった様々な制度的要因などが存在する、

と言い、具体的に

- 人材を巡る諸問題の解決に向けたシステムの改革、
- 大学及び国立研究開発法人の組織改革及び機能強化、

を進めることが特に重要であると結論づけている。大学に根本的な問題があり、その喫緊の「改革」を要するとの現状分析となっているのである。

このような攻撃が打ち続いてきたため、大学の関係者は「改革」の必要性を飲まざるを得ない、という追い込まれた心境になっている。私に言わせれば、文科省の予算の操作を通じた大学のコントロールが一番の問題で、お仕着せの「改革」を押しつけず、もっと大学に財政的余裕と運営の自由度を与える方が日本の科学技術力の回復には効果的である。例えば、研究業績が落ちている問題について言えば、研究者の尻を叩くのみでは何ら解決せず、経常研究費と研究に熱中できる時間をきちんと保障する体制さえ整えれば、数年で回復することは保証できる。まだ間に合うのだ。しかし、今のままの状況が一〇年も続けば、学問についての大学の基礎力は衰えてしまい、容易には回復しなくなることは確かである。その点について、私は大いなる危機感を持っている。

「科学技術イノベーション総合戦略二〇一七」

政府として出している処方箋としては、「第5期科学技術基本計画」の第4章に、わざわざ「科学技術イノベーションの基盤的な力の強化」を掲げている。もっとも、ここに「科学技術イノベーションの基盤的な力」と題されているように、科学技術力はイノベーションのためとしか考えられていないことに注意すべきである。ピント外れの施策をいくら強要しても実は上がらないのだから。

この「科学技術基本計画」を受けて、CSTIで議論し、毎年閣議決定して具体的方策を提言しているのが「科学技術イノベーション総合戦略」という厳めしい名前の文章である。科学技術基本計画で打ち出した内容を繰り返しながら、次年度の概算要求の種にするための新たな政策を書き足したものだ。「二〇一七年版」は、「総合戦略二〇一七」という呼称で六月に出されている。

この「総合戦略二〇一七」も第4章で「科学技術基本計画」と全く同じ標題を掲げており、基本骨格は変わらないが、新たに書き込まれた部分もある。その部分をピックアップしておこう。

（2）「知の基盤の強化」：　先に述べたように、ここで「研究者の内在的動機に基づく学術研究」と「国の政策的な戦略・要請に基づく基礎研究」と、研究を二つのタイプに分けている。そして、学術研究については科研費改革（若手支援プラン、特別推進研究の見直し、審査区分の大くくり化）、基礎研究については将来のビジョンや研究テーマの産学官による設定、基礎研究から概念実証まで一貫した研究体制の構築、などが提案されている。果たして科研費に関して現場の意見を聞くことなく一方的に改革案を出していいものか、また基礎研究の研究テーマを産学官連携に任せてしまってよいものか、問題が多い。

（3）「資金改革の強化②外部資金獲得の強化による資金源の多様化」：　基盤的経費の減少に伴って相対的に研究に使用できる資金が減少しており、基礎研究力や教育研究基盤の弱体化、若手人材の雇用の不安定化などの問題が生じている、と大学が抱えている困難を把握してはいる。しかし、「なぜそうなっているか」の現状分析や対策については何も示していない。書かれているのは、学長がリーダーシップを発揮してコスト意識と学内資源の戦略的配分による効率的・効果的な運営を行なう、政府以外からの外部資金の獲得など、お決まりの見当違いの要請でしかない。国家としての責任を全く感じていないのである。具体的な提案は、同窓会からの寄付や遊休施設の利用によって自分で稼ぐことに努力せよ、というものである。

（4）「④国立大学改革と研究資金改革の一体化」：　このように強調してはいるが、単純に言えば国からの資金提供を「大学改革」の進捗状況に結びつけようということなのである。大学に対して、産学共同による受託費、特許実施料などの知的財産収入、寄付金収入、資産の有効活用、ベンチャー企業からの配当など、財源の多様化を図ることを求め、国はそれらを評価して予算配分に反映させるという方針らしい。要するに国は面倒を見ない、大学は自前で稼げ、ということなのである。二〇二五年までに民間から大学や国立研究所等への投資三倍増、国の科学技術研究開発投資をGDP比一％とする、という目標を何度も掲げてはいるが、空文句である可能性が高い。また、研究費の増額をしても特定分野へ研究費を集中するのみでは意味がない。この単純なことがわかっていないのである。

以上、「総合戦略」と銘を打っているものの、総花式に思いついたことを羅列しているにすぎない。読めば読むほど、ＣＳＴＩが国家の科学技術政策を担っていることを自覚し、その政策の問題点をきちんと洗い出し、その手当てをする、という責任感が全く感じられない。このような科学技術政策に翻弄されている大学の未来はお先真っ暗と言わざるを得ない。

「未来投資戦略二〇一七」

最後にもう一つ紹介しておきたいのは、日本経済再生本部で議論され、やはり閣議決定されて毎年発表されているもので、これも大げさな呼称の「日本再興戦略」となっている。経済再生本部は全閣僚が構成員であり、日本経済の司令塔とされてアベノミクスの内実を背負っている組織である。経済財政諮問会議と連携しているためか財界からの影響を受けやすく、アベノミクスが巧くいっていないためだろう、今年は「未来投資戦略二〇一七」と呼び名が変更されている。以下では「ポイント」と書かれた、要点をまとめたものを参照しているのだが、大学と関係が深い産官学の部分のみをピックアップして紹介する。政府・官庁の文章にしてはリラックスした書きぶりで面白い。

産学共同に関連があるのは「イノベーション・ベンチャーを生み出す好循環システム」の部分で、まず書かれているのが

「目指すべき社会像」

資本集約型経済から知識集約型経済に変化する中、知と人材の拠点である大学・国立開発法人を中核として、企業や投資家など産業界も巻き込み、社会全体で優れた研究開発やベンチャーが自発的・連続的に創出され、イノベーションの果実を次のイノベーションの種に投資(二〇二〇年までに研究開発投資GDP比四%以上)していく好循環

を目標として示し、理想的に展開した場合の「そうあって欲しい」、「こうなるといいな」という姿を提示している。それに続いて、

〈変革後の生活・現場のワンシーン〉

● (大学・研究開発法人)経営トップのリーダーシップで、従来の経営から、投資を呼び込み、自己資金を獲得する新たな経営へ踏み出す、

● (研究者)真に意欲と能力ある者が評価され、優秀な若手研究者が研究資金とポストを確保でき、その研究成果が世界中の研究者から引用される、

● (企業/投資家)産学共同に積極的な大学との大型共同研究や、研究開発型ベンチャーへ

の投資を通じ、自前では難しい画期的な技術を素早く調達、と、好循環が実現したときのステークホルダーが、どのようにハッピーになるかを想像してまとめている。まさに架空の物語で、大学や研究開発法人の運営を企業経営と同一視し、産学共同によって一流の論文が書け、研究資金やポストにありつけると考える非現実性は明らかである。

続く本論では、大学に対する「戦略」が述べられている。まず「実現のために必要となる主要項目」、「「学」の中核機能強化に向けたインセンティブ強化及び自己資金獲得の促進」が掲げられ、それに対して

（残された課題）
- 大学等の研究者の産学連携インセンティブが不十分である、
- 運営費交付金と競争的資金の一体改革も途上である、

（主な取組）
- 各大学の産学連携の取組を比較評価できるデータを整備し公開する、

● 各大学がＫＰＩ（重要業績評価指標）を基準に産学連携の取組実績を評価し、結果を運営費交付金の重点配分に反映する、

というふうに問題点と必要な手立てを示している。どこまで真剣に考え、現実的な対応であるかは別として、それなりにスジを通そうとしているのは読み取れる。ただし、予算配分（一般運営費交付金）を通じて大学をコントロールしようという姿勢は変わらない。ひたすら予算で手なずけようというわけだ。

そして「（目標）「我が国が強い分野を支える拠点・人材への集中投資」」では、正直に

（残された課題）
● 諸外国の活発な研究開発投資に対し、我が国は比較劣位となっている、
● 世界トップレベルを維持するには研究開発投資量の確保、
● 情報インフラへの投資やイノベーションを担う人材といった中核的資源の集中が鍵、
（主な取組）
● 政府の研究開発投資は対ＧＤＰ比一％、

●「科学技術イノベーション官民投資拡大推進費(仮称)」の来年度創設、
●来年度中に少数の拠点にリソースを集中投下、
●世界トップを狙える分野の拠点整備の検討、
●卓越研究員事業の推進等による若手研究者の安定した研究環境の確保、

と書いている。これを読むと、閣僚や財界人が考えていることのおよその見当がつく。彼らは、まさに「選択と集中」政策しか眼中になく、選ばれたエリート分野やエリート大学に資金を集中すれば、それで日本の科学技術は一流になると考えているようなのである。これでは、日本の科学技術の基層力とも言うべきピラミッドの底辺はやせ細る一方で、これまで培ってきた「基層力に支えられた科学技術の高いレベル」は早晩低下してしまうだろう。「第5期科学技術基本計画」で総括しているように、既にその兆候が現れているのであり、右のような科学技術政策を続けるなら、回復不可能になることを覚悟しなければならない。

以上のように、現在の科学技術政策は、産学官連携を通じてイノベーションを促進し、それによって景気を浮揚させることが第一の目標であり、そのために大学を動員することに必死である。その過程で軍学共同をいかに組み込んでいくかが、今後の科学の軍事化の進展を決めることになるのではないだろうか。「軍産連携」と「産学共同」という、「産」を軸にした軍産学の結びつきを強化する方針である。これによって産業界が主導権を取れるからだ。とはいえ、研究者が「軍」と「学」の共同をどのような論拠で受け入れようとしているかがカギになる。

次章では、研究者側の論理を探ってみよう。

第4章　研究者の軍事研究推進論

大学等の研究者が、消極的か積極的かを問わず、軍事研究に携わっていくにおいては必ず「言い訳」が用意されている。やはり、本質的には自分の研究が人々の生活の向上や文化の創造のため、あるいは平和のために使われることを望んでおり、戦争に寄与したくないと思っているためである。だから、軍事研究を行なうことには後ろめたさが伴い、一般市民に対して胸を張って堂々と語れないという気分を持っているのは確かだろう。同じように軍事研究を行なっている仲間内では、通常の研究と同じように自分の戦争技術開発への貢献ぶりを吹聴して互いに誇り合うのだが、それは限られた場合でしかない。

むろん、研究者によっては言い訳ばかりに終始しているわけではない。逆に、自分は軍事研究を通じて社会や国のために重要な貢献をしていると自任し、金儲けしか念頭にない企業の役員や理想を口にするだけの空疎な学者よりは、現実的に考える自分の方が国家のために役立っていると思い込む(自分に思い込ませる)こともある。そうすることで自分の存在意義を肯定するだけでなく、科学技術研究の軍事化を推進する役割を積極的に演じるようになるのである。そこで口にするのは、

（A）デュアルユース論：　科学技術はすべてデュアルユース（軍民両用）であり、軍事目的で開発されても結局民生の役に立ってきたものが沢山あることからわかるように、軍事研究は民生技術開発のためにも大きな意味がある、

という論（第１節）と

（B）自衛論：　国家の安全保障の確立には軍事力を強化させねばならず、自衛力を絶えず増強させることで国家の安寧が達せられるのだから、軍事研究は国家の存続にとって不可欠である、

という（第２節）二つの論である。これらについては前著『科学者と戦争』でも議論したが、ここではまた異なった観点から検討してみたい。

さらに、研究を進めていく上で研究費不足が深刻になっており、前著で述べた「研究者版経済的徴兵制」の側面が強いのだが、競争原理が非常に厳しくなっている現状では新たな研究費問題が生じており、

（C）研究費問題：　大学における研究費不足の実態とともに、産学共同によって研究費が潤っているはずの工学系の研究者が抱える新たな問題、

を述べておきたい（第３節、第４節）。

最後に、産学共同と特許との関連について、第5節で短く論じておく。

1　デュアルユース論について

デュアルユースのルーツ

アルキメデスがテコの原理を用いて巨大な石を持ち上げて崖の上から敵の頭上に落下させる武器とし、ガリレオは世界で最初に宇宙を観測した望遠鏡を、敵の動きを遠方から偵察する軍事装備品として軍に売り込んだように、科学の基礎的な知識を戦争に利用すれば軍事作戦に有利となることから、昔から科学者の軍事動員が行なわれてきた。それが意図的になされるようになったのが第一次世界大戦における科学者の組織的動員であり、第二次世界大戦に至っては特殊な軍事プロジェクトに科学の専門家を結集して計画的・組織的に軍事開発を行なった。民生的な科学の知識を軍事技術に転換すること、そのために科学者は不可欠な存在であることが認識されたのである。

それとともに、戦争で開発された、あるいは練磨された軍事技術が使い方次第で民生技術としても有効であることが注目されるようになった。第一次世界大戦でのソナーや航空機がそうであり、第二次世界大戦ではレーダーや医薬品など実に多くの物品が軍事技術から派生して重宝する民生品として誕生してきた。

その意味では、軍事・軍需を目的としない民生技術であっても軍事装備に活用されて戦争に使われ、逆に最初は軍事装備品であっても民生品に転用されて人々の生活に役立つようになるのだから、すべての科学技術はデュアルユース（軍民両用）として使えることは事実である。そのことは当然とされてきたのだから、わざわざデュアルユースのルーツを問うことはないようだが、企業の生産形態ともからんだ「デュアルユース生産の変遷」という側面が社会的に重要だと思われる。特にアメリカにおける軍産複合体の形成・肥大化とデュアルユース技術とは深く関係しており、それは日本の今後の行方とも関わっている問題なのである。

アメリカの第二次世界大戦までの民生品製造企業の動向は、戦争が勃発したときには軍事動員されて軍需生産に励むが、戦争が終わると民生品製造に戻るというものであった。平和なときは民生品の生産、戦争時は軍需生産、平和が回復すると民生品生産というふうな繰り返しであった。いわば「軍民の分離」であり、恒常的兵器産業は存在しなかったのである。

しかし、第二次世界大戦に開発された核兵器や大型爆撃機による大量破壊戦略、さらにその後に展開されたミサイルによる宇宙の軍事利用などは、これまでの通常兵器による戦争の形態を一変させるとともに、常に新鋭兵器の開発・生産・供給を行なう恒常的軍需産業を出現させることになった。そこでの技術開発のノウハウは軍事機密として秘匿されるので民生部門に波及せず、その結果として民生品製造産業の衰退を招いた。第二次世界大戦後のアメリカにおいては、軍民の分離が完全に終焉した結果として、鉄鋼や造船や自動車など重厚長大産業は軍需依存一辺倒になり、民生部門は国際競争力を失って経済競争から脱落していったと見ることができる。

アイゼンハワー大統領の時代、ソ連に人工衛星打ち上げの後れを取ったこともあって、一九五七年にＡＲＰＡ（高等研究計画局、後にDefenseを付けてＤＡＲＰＡ、国防高等研究計画局となった）を発足させて科学研究に力を入れることにした。その軍事的任務として、民間からのアイデアを得て新鋭兵器の開発研究を進め、その成果を兵器産業に提供して軍事化を推進するという方針が採用された。そのために巨大な軍事開発費が政府から産業界に提供され、それが軍需産業と軍事組織を結びつけた軍産複合体が誕生することになったのである。アイゼンハワー大統領は退任のとき、軍産複合体が巨大な権益によって影響力を発揮し、もはや政治家の思い通りにならないと嘆いたことはよく知られている。しかし、軍産複合体そのものは、そもそもアイゼンハワー自身の施策の産物なのである。

その後の一九八〇年代のレーガン時代に「宇宙予算」の拡充があって膨大な軍事予算を科学者が手にするようになり、軍学共同が大学の研究者の体質となっていった。科学技術のデュアルユース化がこの頃に産業構造として定着し、さらに「軍産学複合体」と呼ばれるように「学」が加わるようになったのである。

一九八九年に冷戦が終了し、クリントン時代のアメリカは軍縮によって軍事費の大幅な削減を行なったが、ここで採用された方針が「軍民技術の交流」で、軍事技術を民間に開放して民生産業に技術革新を起こさせ、結果的に武器調達の費用を安上がりにするというものであった。これによって産業界はデュアルユース技術の典型である通信分野や電子機器分野の実力のレベルを向上させ、兵器産業と民生企業の間の技術交流が盛んになり、アメリカに未曽有の経済的繁栄を招くことができた。ＧＰＳやインターネットなどの軍事技術の民間への開放を推し進めて、デュアルユースの「利得」を広く宣伝するようになったのもこの頃である。

他方、日本の産業界の動きはアメリカとまったく正反対であった。明治以来の富国強兵政策を採用した日本の、少しでも軍事に関係する部門では、第二次世界大戦終了時まで、国家を富ませるための民生品の生産と強兵のための軍事生産が共存する国営の軍民両用企業が普通であったからだ。日本の産業構造は「軍民の共存」で始まったのである。しかし、第二次世界大戦に敗北して平和憲法路線を採用し、兵器産業を完全に廃棄して平和的民生産業のみに構造転換を行なった。「軍に依存せず、民のみによる自立」経済と言えるだろうか。その結果として、いったんは世界第二位の経済力を有するまでになったのである。軍事機密が存在せず、自由競争路線でフェアな技術競争に挑んだからこそ勝ち得たものであった。この実績を忘れるべきではない。

しかし、その状態に満足したのか、グローバル化時代になった現在、日本の産業構造のガラパゴス化が言われるようになり、経済の国際競争力の衰えが目立つようになった。そのような段階こそ、原点に戻って平和産業に特化してきた日本の強みを生かすべきなのだが、産業界は逆の方向に進もうとしている。安倍政権の軍学路線に便乗して(唆されて)武器生産と武器輸出に将来を見出そうという動きが露骨になってきたからだ。国家の安全保障を口実にしてデュアルユース技術を強調し、その開発のために軍学共同を強化して軍産学複合体の形成までを視野に入れようとしているのが現在である。本来の経済の活性化のためにも、むしろ危険な道に入り込もうとしていると言わざるを得ない。

デュアルユースの意味

ここで原点に戻って、デュアルユースの意味を確認しておこう。最も一般的な定義が「民生技術と軍事技術の二面性」である。科学技術が必然的に持っている光と影とか、表と裏の意味で、民生・軍事のどちらにも同じように使えて二倍の使い出があるから価値が高い、というニュアンスがある。産業界のデュアルユース技術とは、民生品(または軍事装備品)の製造ラインを軍事生産(または民生品生産)にも使うということで、まさに「軍民両用技術」と言うのがふさわしい。その状況次第で、「軍民統合」とか「軍民転換」という呼称もあり得る。

だいぶ意味は異なるのだが、デュアルユースは「防御目的と攻撃目的の二面性」という意味にも使われることがある。たとえば、「この技術はもっぱら防御目的であるから攻撃とは関係しない」とか、この装備品は攻撃目的のために開発されたのではないので、「明白な軍事目的」ではないという言い方である。この文言は、自分が行なっている開発研究が軍事研究であることを否定する(軍事研究ではないと主張する)ために使用されている。日本物理学会で一九九五年に軍事研究を緩和する議論が行なわれたとき、この論法が使われた。防御と攻撃は明確に分けられるという考えで、これをさらに敷衍して「自衛は戦争ではない」ということまで主張する人もいる。要するに、自衛のための戦争は許され、軍事一般と同一視すべきではないというものだ。

また違った表現として、科学技術基本計画の文書において、「安全・安心の技術と民間技術のデュアルユース」という言葉が使われた。「安全・安心の技術」とは安全保障に関わる技術、つまり軍事技術のことを意味しているのである。「人々の安全、かつ人々が安心できる状態を実現するための技術」といかにも衣に包んだ表現だから、民間技術とデュアルユースだと言われてもピンとこない。軍事技術と言えば露骨で平和的な気分にならないからというので、こんな言い方をしているのだろうが、いかにも人々の情緒的感覚に迎合しているようで気持ち悪い。人々が拒否感を持たないよう言葉を言い換えてごまかす手法（つまり「印象操作」）は、最近の政治で特に目につくようである。

また、デュアルユースとはニュアンスが異なるのだが、「基礎研究は軍事研究ではない」という点が強調される場合がある。「基礎研究」という名が付けば、それはいかなる内容であろうと軍事研究と無関係なので問題にしないという主張である。この真意には、「基礎研究」の純粋性あるいは無謬性を強く擁護しようという気持があり、デュアル性（二面性、両義性、二重性）のような不純な要素は一切ないと拒否するものだ。実際には「基礎研究」といえども科学である限りはデュアルであり、軍事研究とも関係してくる側面があると言わねばならない。科学の研究であれば、デュアルな要素を必然的に孕んでいるのである。ましてや、「基礎研究」

は「戦略的・要請的な研究」との官庁定義を採用すれば、必然的にデュアル性があるのは自明で、どのような戦略の下で、どのように要請されている技術かが問われねばならない。

デュアルユース論の使われ方

デュアルユース論は、通常軍事研究を行なうことを許容する、あるいはエクスキューズに使われる。その最も典型的なのは、「ナイフがリンゴの皮を剝くのにも人を刺し殺すのにも使われるが、ナイフが殺人に使われる可能性があるからと言って、その製作を禁じることはできない。それと同じで、どの技術もデュアルユースで民生用・軍事用のいずれにも使われる可能性があり、軍事利用の可能性があるからと言って禁止できない」、あるいは「まだ研究の段階なのに軍事研究だと決めつけて差し止めすべきではない」というものだろう。それによって、「軍事研究の要素があっても許される」という主張につなげるのである。

確かに、研究の段階ではその使われ方はまだわからないのだから、研究そのものを禁じることはできないし、すべきでもない。そこには研究の自由が確保されねばならない。しかし、自由といっても勝手気ままに行動する自由はなく、必ず自由の行使には責任が伴い、社会的に許容される範囲を踏み越えてはならないという制限がある。人を殺してはならないとか、ヘイトスピーチをすべきではないというような、人が生きて行く上で自由を一定制限する規矩を守ることが求められているからだ。言い換えれば、自分が成す行為に対し責任を全うできるかどうかを、常に問われていることを覚悟しなければならない。だから、軍事研究を行なうにおいては、それが何をもたらすかを想像し、人を傷つけたり人権を無視したりするような使われ方の可能性がある場合には、それを否定し、あるいは拒否する行動が伴わねばならないのである。それこそが研究者の倫理責任というものであり、研究者にはいつもこのような責任が社会的に問われていることを忘れてはならない。

つまり、デュアルユースであるからと言って軍事目的の研究まで合理化してはならないし、ましてや軍事研究まで許容されることにはならないのである。大事なことは、研究段階から軍事に使われないよう誠意を尽くす責任があり、決してデュアルユースという言い訳で逃げてはならないということなのだ。

また、「研究者は軍事技術の設計者あるいは製作者であるに過ぎず、実際に使用するのは軍なのだから、その弊害の責任は軍にあって自分にはない」という、居直ったデュアルユース論の使われ方もある。作った人間と使った人間とは異なっていて、使い方に問題があっても作った人間には罪がないという論である。原爆を自分が作ったが、それで多数の人間を殺傷することになったのは原爆使用の命令を下した大統領であり、実際に使った軍人だから、彼らに罪があり、自分は非難される理由はないというのと同じ論理である。むろん、大統領や軍人の戦争責任は問われるべきなのだが（原爆に関しては誰も責任を問われていない）、原爆を製作した自分には何の道義的責任もないのだろうか。

少なくとも、自分は非常に危険なものを生産したことに対する倫理責任を問われると覚悟すべきだろう。あるいは、無防備な人間に対して警告なしに使うことを許容したとしたら、自分の手も血塗られているという自責の念を持ち続けねばならない。軍事技術は多数の人間の労働の連鎖で成り立っているから責任が薄れがちだが、恐ろしい武器の製作に関わった人間として、誰もが道義的責任を負っていることを銘記する必要がある。このように軍事技術の開発に関わった場合、自分はそれを使用した人間ではないことを口実にして、あたかも自分には何の罪もないと言い逃れるのは研究者として無責任と言うべきである。

デュアルユース論のバリエーション

民生技術と軍事技術の二面性という枠からいったん外れて、軍事技術を開発することの社会的な意味を強調し、それが回り回って民生技術に寄与することになり、結局人々の幸福につながることになるという、言うなれば「居直り論」が強調されるようになっている。軍事開発が優先的に行なわれるのだが、それは結局のところ民生技術にも波及するのだからいいではないか、というわけでデュアルユース論を言い訳に使うのである。

最もよく使われるのは「将来、民生に転用すれば国民生活に役立つ」のだから、最初は軍事開発でも構わないという論である。あるいは「民生技術の底上げにつながる」ことになるのだから、軍事技術が先行してもかまわないではないか、とも言う。どちらも、技術のデュアル性があるが故に、必ず民生技術に跳ね返ると信じており、いずれ人々のためになると力説するのだ。

この論では、あたかもすべての軍事技術が民生技術となって誰でもが使えるようになると、極めて楽観的である。しかし、いったん軍事技術として開発され利用されると、それを民生に開放するかどうかは軍当局の判断によるのであって、永遠に開放されない技術も、一部しか開放されない技術も、開放されても役に立たない技術もある。単純に、いつでも何でも民生に役立つことになるわけではないのだ。この論者は、いつもデュアルの条件が満たされて人々の役に立つかのように言って罪を軽くしようとしているのである。

また、軍は秘密保持をもっぱらとし、人々のために全てを民生に供するわけではないということを忘れていると言える。本来、技術というものは、それが公開されてさまざまな角度から自由に研究されることが重要であり、そのために特許制度が存在する。公開されることで、より洗練され、より効率的な異なった方式が新たに発案されることになって、国民生活に役立ったり、民生技術の底上げにつながったりするのである。技術が秘めた可能性を本当に大事にしたいのなら、最初から公開されることが前提の民生利用を目指すべきであり、軍事利用を拒否しなければならないのだ。

デュアルユース論とは少し外れるが、「軍事研究は、科学技術の発展に寄与する」という意見がある。この立場では科学技術の発展は善であることが無条件の前提とされている。科学主義者・技術至上主義者が陥りがちな一種の信仰みたいなもので、科学技術は役に立つから、軍事研究も当然歓迎して受け入れるべきと無邪気に信じているのである。社会的意識が欠如した世間知らずの研究者に多く、科学の知識を机上に閉じ込めたままで、科学と社会との関係について考える習慣や科学技術の倫理教育が欠如していることを物語っている。

それと似た発想で「最先端技術の重要な応用先が軍事である」という主張もある。最先端技術の開発が最大の目標で、それを達成するためなら軍事開発も構わない、むしろ軍事研究を巧く利用すればいい、という考えである。あるいは「技術開発の初期投資を軍が担うことが必要」という意見がある。軍事研究には多くの金が投じられるのに便乗して、それを技術開発の機会としようという論である。いずれも、手っ取り早く軍に頼って技術開発を行なおうというもので、軍事目的よりもそこで開発される技術そのものに興味を持っている。そのような人は軍拡論者とは言えないが、その技術がどんな目的のために使われるかに関心を払わない「技術オタク」であり、視野狭窄と言うべきだろう。技術には必ず目的があり、それに対する合理性によって優劣が競われるものである。軍事目的で始まれば、当然その技術の軍事的効果が評価の対象になることは明らかで、そのような考察が見事に抜け落ちていると言わざるを得ない。その意味ではデュアルユース以前の議論である。

日本技術者教育認定機構（ＪＡＢＥＥ）では、技術の社会的位置づけからの教育を基礎にして「技術士資格」の認定を行なっている。このような技術者教育は重要であり、大学や高等専門学校で必修にする必要がある。技術は社会に直接影響を与えるからだ。ただ、ＪＡＢＥＥでは「技術は公共の福祉のため」とは言うが、軍事研究に関しては何も言わない。元々、技術士資格の議論は軍事研究が当然とされるアメリカで始まったためだろうが、その限界を弁えなければならないと思う。

以上、科学者・技術者には科学主義・技術主義の発想が色濃くあることは否定できない。科学・技術の発展が第一で、その利用が民生か軍事かは次善のことでしかないと考えがちである。そうなると、たとえ戦争という事態になろうと、戦争は科学・技術を発達させるのだから良いということになってしまう。さらには、戦争のおかげで多くの発明ができて人々の生活が豊かになったのだから、戦争を歓迎するということになりかねない。デュアルユース論を拡大していくと、戦争肯定につながる危険性があることを忘れてはならない。

デュアルユース論の一例

防衛装備庁は「安全保障技術研究推進制度」でデュアルユースを一つの目標にしていると喧伝している。元々大学等で行なわれている民生研究を、金の力で軍事研究に転用させることを目的としているのだから、デュアルユース的利用は明らかである。ここで「転用」と言っているが「横取り」と言う方が正確である。なぜなら、民生目的の技術開発が軍事目的のための技術に置き換えられて軍に占有され、その結果として研究者が当初計画していた民生目的の利用ができなくなるためである。つまり民生技術が横取りされることになるわけだ。

実際、防衛装備庁のパンフレットには、デュアルユースとして

将来装備に向けた研究開発で活用（防衛省）
我が国の防衛、災害派遣、国際平和協力活動
民生分野で活用（委託先）
本制度で得られた研究成果が広く民生分野で活用されることを期待します

と書かれているのみである。当然ながら、防衛装備庁では軍事装備品開発に力点があり、民生利用への転用は「期待」だけであって、それ以上の関心はないことがわかる。防衛省のデュアルユースはその程度のものなのである。

日本学術会議の総会で以下のような光景があった。日本学術会議の大西隆前会長は豊橋技術科学大学の学長が現職なのだが、そこの研究者が毒ガスフィルターに使用するナノ物質の研究で、二〇一五年の「安全保障技術研究推進制度」に応募して採択された。このことを会員から指摘され、なぜ学長として応募を認めたのかとの質問があったとき、大西学長は、「この研究は防衛装備庁も使えるかもしれないが、製薬会社や化学工場での事故の際にも使える研究だということで認めた」と答えている。

私はこの返答に強い違和感を覚えた。本来なら、「この研究は防衛装備庁も使えるかもしれ

ないが、製薬会社や化学工場での事故の際に使える研究として始めたのだから認められない」と答えるべきではないかと思ったからだ。大西学長の言い方では、防衛装備庁で使うことが「主」であり、製薬会社や化学工場で使うのが「従」ということが前提となっている。しかし、件の研究者は製薬会社や化学工場で使うこと(つまり民生研究)を考えて研究を開始していたのだが、(おそらく研究費を調達するために)防衛装備庁の公募に応じることにしたのだろう。だから、元々は製薬会社や化学工場で使うことを「主」と考えて来たはずで、そこに割り込んできた防衛装備庁は「従」ということになる。学長と研究者の間で、「主従」が逆転しているのである。このようにデュアルユースを問題にすると、民生か軍事のいずれを「主」とするか「従」とするかを曖昧にするのに使われることになるので注意しなければならない。

実際、防衛装備庁は、この物質を防毒マスクに塗布して毒物を効果的に分解することを確かめると、テロ集団にこの知識が広まるのは好ましくないとしてノウハウは一切秘密にするだろう。そうすると軍事目的専用となり、この研究者が初めに計画したように製薬会社や化学工場で使われることがなくなってしまう。そして、軍事的使用の機会がなければ全く使われないままとなり、せっかくの研究はどこにも生かされないことになる。それは、果たしてこの研究者にとって幸福なのだろうか。

スピンオンとスピンオフ

民生技術あるいはその製品の軍事への転用のことをスピンオンと言い、逆に軍事技術あるいはその製品を民生のために使うことをスピンオフと言う。第一次世界大戦では、戦車、潜水艦、飛行機、塩素ガス、双眼鏡など、既に民生のために開発されていたさまざまな製品が戦争の道具として利用された。もっぱらスピンオンであったのだ。一方、第二次世界大戦時には数々の軍事技術による発明が成され、戦後になってその技術がさまざまに民生に転用された。それらは、レーダー、電子レンジ、コンピューター、スプレー、冷凍食品、ボールペンなど数多くある。スピンオフが続いたのだ。戦後になってからは、レーザーや超短波通信、遠隔操縦技術などのスピンオンがあり、インターネット、GPS(カーナビ)、CCD(デジカメ)などのスピンオフもあった。そして今や民生技術と軍事技術が混在したロボット、ドローン、赤外線カメラ、ナノテクノロジー、サイバー技術などがある。

手近にある『戦争の科学』という本では「戦争こそが科学技術の生みの親であった」と書かれ(スピンオフを強調)、『戦争の物理学』では「物理学が兵器開発に重要な役割を果たしてきた」とある(スピンオンを強調)。これらの本には、科学技術という平和時の知の所産(創造物)が戦争時の人間の殺傷と人工物の破壊に使われるという、相矛盾した要素が描かれている。科学知識そのものもデュアルユース、「両義的」なのである。

スピンオフは人々の生活を豊かにする?

軍事研究の積極的推進派は、もっぱらスピンオフの有効性を強調し、「そのおかげであなたも豊かな生活を送れているのだから、アレコレ文句を言うべきではない」と自分が正しいことを押しつけてくる。それに対する反論はいくつもある。

まず、そもそもの軍事技術は国民の税金で開発したものだから、開放して当然であり、私たちが何もありがたがる必要はない、と言いたい。軍事技術だからと秘密扱いし、軍が独占することがそもそもおかしいからだ。軍は金を稼ぐ組織ではないことは自明であり、金を使うだけ、つまり税金で養われている組織である。だから、軍が出す開発経費は元をたどれば税金であり、何も軍の成果だと誇って占有する権利も資格もないのである。

それだけではない。軍事技術のスピンオフは軍のイニシアティブ(つまり、軍の都合)で行なっており、当然軍はすべてを開放しているわけではない。軍は開放するものを選択する際、国民の支持が得られそうなものに限って公開しており、軍にとって都合が悪いもの(例えば、金がかかっているが、そう役立つわけではないもの)は公開していないのである。だから、軍が私たちの便宜を考えて善意で開放しているわけではないことは確かで、軍の操作的なやり方に騙されてはならない。

一般に軍が開放する技術は、ほとんどそのエッセンスを使い果たしたもの(技術的可能性をすべて検討し尽くしており、もはや新たな用途やより有効な使い方が期待できないもの)、いわば賞味期限が過ぎたものなのである。例えば、GPS衛星を利用した位置決定法が開放されてカーナビに使われているが、それはもはや軍の使用には支障がないから開放したに過ぎない。軍はGPSの発するさらに一桁以上精度の高い電波を利用しているのである。要するに、軍事技術の開放で軍から恩恵を受けているかのように考える必要は少しもないということなのである。

それどころか、軍がどれほど膨大な資源の浪費(無駄)をしているかを隠すため、問題なさそうで、国民が喜びそうな軍事技術や軍事製品だけを開放していると考えた方が正しい。資源の浪費の一つは、(使われないままの)古い武器を廃棄し、新しい武器への更新を頻繁に行なっていることだ。常に「技術的優越」を目指しているということは、言い換えると常に「技術的劣位」が生み出されていることを意味し、「劣位」の武器は絶えず捨てられているということになる。どれほどエネルギーと資源の無駄遣いとなっていることだろうか。使われなくなった武器の処分のために戦争を引き起こしているとさえ言われることもある。これほど非道なことはないだろう。

軍事演習で使われる武器や弾薬にかかる膨大な費用や資源の無駄もバカにならない。軍は金食い虫なのである。冷戦が激しかった頃、核弾頭の総数は七万五〇〇〇発と言われ、今は一万五〇〇〇発ほどまで減ったことになっている。それは世界平和のためにはいいことではあるのだが、この間に廃棄された六万発の核弾頭は壮大な資源の乱費となった(使われるよりはマシであったのだが)。そして今なお一万五〇〇〇発の使われるべきではない核弾頭が存在している状況であり、それらを使わないまま最終的に廃棄すべきことを忘れてはならない。

これら兵器そのものに使われる資源以外に、武器(特に核兵器)生産工場が地域にもたらす公害は強烈なもので、多くの周辺住民に被害を及ぼしてきた。さらに、工場自体が深刻に汚染されており、除染のための莫大な金をかけても、もはや元の状態に戻すのは困難と言われている(例えば、アメリカのハンフォードやイギリスのウインズケールの核兵器生産工場)。これらの土地を平気で見捨てて人類が立ち入れない荒地にしていくということを繰り返しているのである。

軍事技術・武器生産の負の側面については誰も何も言わず、軍の所業だから仕方がない、で済ませるのが世の習いになっているのではないだろうか。それとともに、軍事技術の開発研究に携わり、軍事装備品の試作や実作を担い、武器の生産に関わるというような、多くの軍事科学者がその能力や労働力をムダに使っていることをはっきり指摘しておかねばならない。軍は、スピンオフによって人々に多大な恩恵を施しているかのようなふりをして、実は資源・エネルギー・人間の壮大な浪費をしていることを覆い隠そうとしているのである。この点を無視して、軍事研究がいかにも人々の役に立ってきたかのように言うのは正しくない。私たちは、隠されている側面にも想像力を働かせ、軍事研究や軍事生産の空しさ・愚かさ・意味のなさを読み取らねばならない。

2　自衛論について

集団的自衛権行使の意識が薄い

世論調査をすると、現在の日本人の多くは「自分の家族が外国からの侵略者に苦しめられることがないよう、自衛のための軍事力を備えるべきで、そのために自衛隊は必要である」という意見が多数になっているという。いわゆる「戸締り論」で、泥棒に入られないよう家の戸締りをするのが普通であり、国家の場合は侵略されないよう武装して国を守るのは当然という立場で、言うなれば「専守防衛論」である。そのために自衛隊の存在は必要と考えてはいるが、今まで具体的に敵の攻撃から日本を守るために自衛隊が活動した場面を実際には見たことがない。国民は、もっぱら地震や津波や大雨などの自然災害が起こった場合の救助活動における自衛隊の活躍に感謝し、必要性を感じているのが実情だろう。代々の保守政権は、その感情を自衛隊そのものへの必要性の現れだとすり替え、軍事力の増強に努めてきたのである。

そして、二〇一四年の七月に「集団的自衛権の行使容認」を閣議決定し、それに基づいて二〇一五年九月の「国家安全保障法制度」を一括して強行採決した。その結果、もはや自衛隊は専守防衛に留まらず、同盟国の要請があれば他国へ出かけて「防衛活動」を行なうことが可能になった。こうなると、単純な戸締り論は破たんしたのも同然であり、「防衛」という名目で軍事力がどんどん強化されていくことを許容したことになる。「戦力非保持」を宣言した平和憲法を持つ日本でありながら、「戦力強化」に努めるという逆さまの事態が進む状況になっているのである。

このような状況の変化がありながら、科学者の多くも未だに戸締り論で国家の武装を容認する態度を変えていない。その理由は、（１）集団的自衛権の行使の重大性への認識が薄く、専守防衛の意識のままであること、（２）防衛目的であれば軍事研究とは言えず協力し、攻撃目的となれば開発研究には関与しないという都合のよい発想であること、（3）核兵器の開発となればそれは拒否するのは当然と決めていること、となるだろうか。要するに、戸締り論を素朴に信じており、防衛目的と攻撃目的ははっきり区別がつき、核兵器はむろんのこと、攻撃兵器の開発には加わらない、というものである。守るだけで攻めることは考えていないのだから、自分は平和主義者であると自負し、それに対し誇りを持っているのである。

しかしながら、この意見はあまりに素朴で現在の政治情勢に疎く、また自分本位の見方であると言うべきだろう。一般に、政府が国家の安全保障を軍事力によって実現しようとする場合には、自国の軍事力を増強することに努める（まさに「軍事的優越」を目指す）とともに、同じような政治的主張の他国（軍事大国）と軍事同盟を結ぶのが通例である。専守防衛で守り切れない部分を他国の軍事力でカバーしようとするためだ。従って、専守防衛は必然的に集団的自衛権（の行使容認）へと拡大するのが必然なのである。

日本はアメリカと安全保障条約を結んできたが、長い間集団的自衛権の行使を容認してこなかったのは平和憲法があったためである。安倍首相になって平和憲法のタガがどんどん緩められ、集団的自衛権の行使容認となってしまったのだ。にもかかわらず、世事に疎い科学者は、日本が専守防衛から集団的自衛権の行使へと踏み出した事実を真正面から受け止めず、旧来の専守防衛意識のままであることは否めない。

デュアルユースのところで述べたことで専守防衛論からくる主張なのだが、防衛目的の研究は軍事研究ではないとか、防御兵器と攻撃兵器は区別できるとの、デュアルユースのバリエーションがよく使われる。防衛を正当化したいとの願いから出てくる発想で、いったん兵器を持って戦争することになれば、防衛兵器と攻撃兵器の区別はなくなり、ただ敵を倒すことが目的となってしまうことは忘れ去られている。ミサイル防衛用のミサイルは、敵のミサイルを迎撃するのが目的だが、直接に敵を撃つ攻撃ミサイルに転化するのは当然である。従って、自分は防御目的の兵器開発には協力するが、攻撃目的の兵器開発には携わらないという、いかにも健全そうに聞こえる意見のようだが空論に過ぎず意味がない。いったん軍事開発に手を染めたら防御用・攻撃用の区別はなくなり、途中で開発が止められず、もはや引き返すことができなくなるのである。

自衛という意識

つまり、武器開発は止まることがない。そして、結局核兵器の開発にまで及ぶのである。

「核兵器開発を誘われたら断りますよ」と現在の時点では言えるかもしれないが、核兵器こそ祖国防衛の命運を握っているとか、敵の攻撃を抑止できるのは核兵器しかないと言われて、開発費と人員と資材と秘密を守る約束が与えられれば、それを拒否できるだろうか。さらに、「核兵器の保有・使用は、現在の憲法の範囲では許容される」との閣議決定があることを押さえておく必要がある。核兵器開発は国家として禁止しているわけではないのである。だから、いったんタガが外れると核兵器開発へなだれこんでいくのは必然であろう。

核兵器開発は国家機密になることは確実で、それまで通常兵器の開発に協力してきた研究者が核兵器開発を拒否すると、秘密保護法や共謀罪の下で徹底監視されるのは確実である。実際には、それまでに軍から数々の恩恵を受けていることもあって(そのためにこそ軍は研究費を提供してきたのだから)、もはや拒否できる状況ではなくなっていることも確かだろう。いったん軍事研究に携わると気楽に平和主義に転換することはできないのである。

すべての戦争は「自衛」を口実として始まったこと、侵略戦争すら「自衛のため」に開始されたこと、相手の軍事的脅威に対抗して「わが国を守る」ためとして先制攻撃が行なわれたことなどを思い返せば、いったん軍国主義の流れに入り込んでしまうともはや止めようがなく、意に反してどんどん深入りしてしまうのがオチである。このことを研究者は真剣に考えようとせず、常に自分は理性を持って振る舞えると傲慢にも思い込んでいる。戦争を起こり得るものに現在のように日本が達成してきた平和の恩恵なのだが、現在のように軍事化が拡大していく情勢になっても、なお自衛論に固執して戦争に対して止められるとの幻想を抱いているのは「平和ボケ」なのかもしれない。

ある大学の教員にこのように話していると、「突き詰めて考えると、結局、池内さんが言うように非武装論にならざるを得ないのですね」と言い、いささか残念そうであった。非武装であることがこの上なく不安に思われ、自衛隊の存在が否定されたかのように感じているためだろう。これに対する私の意見は、「あなたが一気に非武装論者になる必要はなく、自衛隊の存続を主張しても別に構わない。しかし、なぜ自衛隊を存続させたいのか、しっかり考える必要がある。災害の救助で非常にお世話になっていることが理由なら「災害救助隊」に再編したらいいし、ＰＫＯ活動で戦場地の復興の役に立っているのなら「戦地復興隊」として道路や橋や港の修理・整備に当たればいい。いずれも丸腰でやれることだし、それに限るのではどうだろうか?」である。この教員は「考えさせて欲しい」と言って、それ以上の議論は避けたが、国民の多くは災害救助を行なう自衛隊を見て、自衛隊の存在を当然視し、自衛隊によって国が守られているとの意識が強く刷り込まれている。それは大学等の研究者も例外ではないということなのである。

北朝鮮が盛んにミサイル発射をしてアメリカ(や日本や韓国)を挑発しており、政府は「Jアラート」を発して地方自治体にミサイル落下の防護措置をとるよう要請している。それに応じて、新幹線や地下鉄が止まったり、警戒警報を合図に一斉に頭を低くしてしゃがみこんだり、近くの洞穴や土管に隠れたりと、実に滑稽な風景が全国に広がっている。さすがにこれに忠実に従う科学者・技術者(例えば、原発やタンカーや化学工場などミサイルが命中すれば大惨事が予想される施設の関係者)はいないようだが、彼らから「警報を出してちゃちな防護を推奨するのはナンセンス」との声も聞かれない。ミサイルの精度はたいしたことがないからわざわざ言うまでもないと思っているのだろうが、わが身に害が及ばなければ黙っているというのも正しくないのではないか。国民に対して、北朝鮮のミサイル発射は見かけだけのもので、その脅しに慌てる必要はないと言明し、政府に対し、いたずらに恐怖心を煽ることがないよう抗議する。さらに北朝鮮に交渉のテーブルに着くよう説得するための交渉団を組織し、そして北朝鮮に対して、こんな意味のないことのために資源と金の無駄遣いを止めるよう呼びかける。そんな声明が出されればどんなに人々の気持ちは安らぎ、国際平和に寄与することになるだろうか。

今の状況は、政府が北朝鮮のミサイルや核実験の恐怖を煽って国民を怖がらせ、それによって軍事力を増強する圧力にしようという魂胆であることは確かだろう。国家が危険な状況にあること(国難)を振りまき、軍事化路線を強めるという昔から繰り返されてきた策動に乗せられてはならない。

国家の要請

国からの資金で研究ができている大学や研究機関の研究者は、国家の要請に従うべきであって、政府に盾突くようなことはすべきではないとの論が聞かれ、それに従順な研究者も増えていると言われる。しかし、国家の要請であれば盲目的に応じるというのでは、自分の意見を持った自律した人間だと言えない。また、その態度は政府の扇動に乗せられて他国に侵略してきた過去を何ら反省していないと言わざるを得ない。自分の判断によって自分の行動を決める、そのために歴史を勉強して勝ち取るべき平和のための方策は何かを考える、そんな自己反芻の作業を経る必要がある。それは研究者としての責務や矜持を意識して生きることにも通じるのではないだろうか。

一方、自衛論を盾にして、大学の研究者はもっと軍事研究に勤しむべきだと主張する研究者(日本学術会議の会員)もいる。自衛のためには国民がこぞって国防のために寄与すべきであり、国家から研究資金を受けている研究者が軍事研究を行なわないと国民から見放される、と言う。

しかし、その人は深入りせよとは言わない。全く軍事研究を行なわないのは国民に対して不誠実だ、可能な範囲において軍事研究に携わるよう求めるのである。いったん軍事研究に手を染めると抜けられなくなることを承知の上で、研究者を軍事研究に送り込むための発言と解釈することもできる。一種の思想動員で、あくまで自分は助言をしているだけであるかのように装う。自分が戦争の片棒を担いだと言われたくないためだろう。

そう言えば、戦前に「祖国の独立」とか「自衛のため」と称する呼びかけで、多くの若者を戦場に送り込んだ人間がいた。そして戦争が終わるや口を噤むか、正反対のことを述べるのだ。そのような人物は、扇動者と本質的には同じである。それに対しては、「あなたは自分の言動に責任を持って弁じているのですか?」、そして「あなたは率先して軍事研究を行なうのですか?」と問いかけたいと思う。扇動者とは、いかにも自分は先頭に立っているかのように見せかけているが、自分の手を汚さず、いざとなれば他人に責任を押しつけて逃げる人間のことなのである。

3 研究費不足の実態

国立大学は二〇〇四年に法人化されて以来二〇一五年まで、一般運営費交付金と呼ばれる各大学に一括して支給される資金に対して、「効率化係数」呼ばれる毎年一％ずつの一律の減額が強いられてきた。一般運営費交付金とは、法人化以前は文部省(二〇〇一年より文科省)が学生経費・教官等積算校費(教員が自由に使える研究費)・人件費・各種手当・職員経費などと項目別に大学に公布していた国庫負担金を、法人化を機にすべてを込みにして一括公布するようにしたものである。多くの大学が法人化に賛成したのも、それまで項目別に会計処理をしなければならず、予算執行の融通が利かなかったのが、一括管理となって予算の項目変更や新規項目の設定など自分たちが裁量できる要素が増えると思い込んだためであった。

ところが実際に生じたことは、予算の一％が毎年減額される一方、人件費の自然増や消費税がかかってくることで支出が増え、さらに学長裁量経費とか大学の知名度を上げるための全学事業費などの余分の経費を天引きするため、教官等積算校費にしわ寄せがきて削減せざるを得なくなったことである。いわば手の付けやすい教員の経常研究費を削減して(さらに最近では学生経費にまで手を付け、教員の欠員を埋めずに非常勤を雇用し、若手の教員を全て任期付きにして)、大学予算の収支を合わせているのだ。科学技術基本計画で「選択と集中」が謳われ、経常研究費はバラマキだとして削減し、研究費の獲得はもっぱら競争的資金で調達すべきという政策がとられたことがもろに影響した。研究費の調達も「自己責任」で、競争によって獲得してこいというわけである。

実は、「効率化係数」で削減された国立大学の一般運営費交付金は、そのまま国庫に戻ったのではなく、「大学改革」との名目で大学を競争させるために使われた。「COE（センター・オブ・エクセレンス）」とか「卓越大学院」とか「リーディング大学院」とか「グローバルCOE」というふうな呼び名の「大学改革」を看板に掲げた資金提供（補助金）のためのプロジェクトを相次いで文科省が打ち出し、それを獲得しなければ落ちこぼれるという雰囲気で大学を競争に駆り立てたのである。そのための手法は、留学生受け入れ数やら英語教育の実践やら外国との交流やら特色ある研究拠点の形成やらCOC（センター・オブ・コミュニティ）で地域貢献やらを次々と打ち出し、それぞれの目標を大学に掲げさせて、選ばれた大学に予算を投入するというものである。

各大学は節約で削減された予算を取り戻そうと、文科省の指導のままに組織を変えたり新たな部門を作ったりして「改革」を行なってきた。ところが、それらの予算は五年くらいの期限付きであり、その期間が終わると別のプロジェクトに乗り換えねばならず、とてもじっくりした取り組みを行なうことができない。その上、予算の使途はプロジェクトに関連したものでなければならず融通が利かない。端的に言えば、教員の研究費を取り上げて、大学のパフォーマンスのために使うというものである。

教員は経常研究費が吸い上げられるので競争的資金の獲得のために多大な時間を使わざるを得なくなっただけでなく、大学のパフォーマンスへの参加を求められるから、そちらにも時間を使わねばならない。こうして教員の研究に集中すべき時間が削がれるという状況に追い込まれている。海外と比べて、唯一日本のみが発表論文数も一流の業績数(引用数で測られる)も減少しているというデータがでているが、さもありなんと思われる。また、そのプロジェクトを中心になって進める要員として博士号取得者を任期付きで雇うから、ポスドク問題を引き起こす一因ともなっている。

二〇一六年からは、国立大学を(1)世界に伍する研究大学(世界、一六大学)、(2)特色ある研究を有する大学(特色、一五大学)、(3)地域連携重視の大学(地域、五五大学)、の三つに種別化し、それぞれの種別の中で優劣を競わせ、それを予算の配分率に反映させるという文科省の裁量が貫徹するようになった。さらに、(1)の大学でも「指定国立大学」なる海外の有力大学と伍する大学として、東北大学、東京大学、京都大学の三大学が選ばれ、東京工業大学、一橋大学、大阪大学、名古屋大学が「指定候補」となっている。旧七帝大の北海道大学、九州大学は入っていない。これは各種大学ランキング項目（外国人留学生比率、外国人教員比率、女性教員比率、欧文論文総数、引用論文数の多い教員の割合、大学院博士課程充足率など）を数値化して順位付けした結果である。原理的には受験者のための「大学ランキング」と同じ手法で、大学を競わせるために各種の外から見える指標だけで判断しており、真に特色ある独自の教育研究を行なっているかを文科省自身が確かめているわけではない。

以上は国立大学の状況であるが、私立大学の理工系分野ではもっと大変な状況と言わねばならない。元々、私立大学は「全学生の七割以上の面倒を見ているのだが、国からの経費補助は三割以下でしかない」と言われるように、日本の大学教育の根幹を担いながら、経費のほとんどを学生の納付金に仰ぐという酷な大学経営を余儀なくされてきた。そして、私学補助として拠出されている文科省からの補助金も減額される状況であり、研究費に回ることはほとんど絶望的である。そのこともあって学生教育のための経費がかかる理工系学部のほとんどは国立大学が占めている。とはいえ、総合私立大学の理工系学部は国立大学並みに活躍しているし、単科の工科大学も地域産業に貢献する技術者の養成の実を挙げており、存在感を見せつけている。実際、技術者への社会的要求は多くあり、その人材供給には私立の工科大学が大いに貢献しているのである。

このような国立・私立大学の状況の中で、現在のところ軍事研究に最も近いのは工学系分野である。基礎研究としての理学系分野が関わることもあるが、やはり工学系の技術開発が防衛装備庁の「安全保障技術研究推進制度」で提示されている研究テーマの軍事技術的課題と結びつき易いためだ。また、研究開発法人である公的研究機関は、基礎研究を行なう部門もあるが、省庁に付属する独立行政法人として目的とする研究課題は決まっており（ＪＡＸＡは宇宙開発、ＪＡＭＳＴＥＣは海洋開発、ＮＩＣＴは通信情報、物材機構は物質・材料の開発など、研究機関名で表されていることが多い）、その意味では工学研究部門が中心を占めていて軍事研究と結びつき易い。

今後、具体的に戦争そのものがターゲットになると、農学や医学の分野が重要視されるようになると予想される。生命の維持に関わる食糧生産と、戦争に直接関係する人間の生死や感染症・風土病の問題、そして生物化学兵器対策が緊急課題となるからだ。しかし、今のところは軍事に関わるのは工学系ということができるので、以下では工学分野の研究費問題の現状について論じよう。

4　工学系の研究費問題

産学官連携の実態

産学共同は、当然ながら「学」の世界も「産」と結びついて経済活動に寄与することが期待された政策で、学問の目的に経済論理が掲げられて「社会において役に立つ」ことが強調されるようになったことが背景にある。最初は大学が持つ知財の産業界による積極的利用を謳い、その後大学がさらに企業活動に寄与するよう、税制を整備して大学へ建物や講座を寄付しやすくし、教員の兼業を推奨するというふうに産学官の連携で急速に進展した。このような政府・大学の後押しとともに、地方自治体も積極的に「産」と「学」の結びつきの仲立ちをするようになり、今や「産学官連携」が通り名となって大学に「産学官連携センター」を設置するのが当たり前となっている。

その最も普遍的な手法が産業界から大学等への「委託研究制度」である。防衛装備庁の委託研究は委託先を公募によって選択する競争的資金なのだが、産学共同の場合は特定の企業と特定の教員との委託契約で、それに伴う部門や教員への寄付行為もある。教員は受託研究費や寄付金を通じて金銭的援助を企業から受け取るのと引き換えに、企業活動の応援・ノウハウ(情報や知識)の提供・開発研究・生産活動への参加などを行なうのである。

工学系の分野では、今やこのような「産」と「学」の結びつきは当たり前となっており、企業からの寄付金や委託研究費が割合豊富にあって研究費には不足していない部門が多いと思われるのだが、実態はそう単純ではない。当然ながら分野による偏りが大きく、陽の当たる分野、つまり「選択と集中」政策で国から重点分野として選ばれた分野(IT、バイオ、ナノテク、ロボット、医療器具、薬品、エネルギーなど)では新技術の開発のための研究投資が盛んであり、企業競争も激しく、従って大学への寄付も多い。このような分野では技術上の開発要素が多くあり、比較的少額の投資で特許が取れる可能性が高い。それだけに競争も激しい。その点では企業と大学が持ちつ持たれつの関係にあり、お互いに利益を得る構造となっている。特許を基にした大学発ベンチャーの起業も行なわれているが、成功しているのはほんの少数で、結局ほとんどが企業に吸収されてしまう状態である。

むろん、工学系分野でも陽の当たらない分野もあり、そもそも産学共同がそう行なわれない理学系(数学、物理、化学、生物、地学、環境)や農学系(林学、畜産、園芸、水産、昆虫、農業経済、獣医)などの分野もあって、学術振興会が配分している科学研究費補助金などの競争的資金に頼る他ない。当然、競争率は高く、多くの研究者が研究費不足に喘ぐという状態にならざるを得ないのが実情である(むろん、右の分野でも例えばゲノムや遺伝子に関連しての創薬・診断・治療・操作など応用に関わる領域では産学共同が盛んであり、研究費も潤沢である)。一般に、「役に立つ」として社会的有用性が高い分野と、文化とか科学知識の拡大のための「無用の用」的な分野との間で、研究費不足の差が大きくなっていると言える。

研究者への心理的圧迫

以上のような分野の偏りはあるが、産学共同や競争的資金で研究費がそれなりに潤沢であっても、なお研究費をもっと欲しい、たとえ軍事研究であっても手を出したいと思っている工学系の研究者がかなりいることは事実である。彼らについては「研究者版経済的徴兵制」の呼称は当たらない。それとは別に、現在の研究費配分方式や研究を取り巻く環境が及ぼす心理的圧力が強く働いているのではないかと思っている。

毎年一〇〇万円とか二〇〇万円が経常研究費として無条件で保証されている場合、研究者はいつまでに成果を上げねばならないという条件に制約されることなく、自分がやりたい仕事に焦点を当てて、自由にマイペースで(自律的に)研究時間を調節して研究に励むことができる。

そんなに自由を与えたら研究者は怠けてしまって成果が期待できないだろうと思われるかもしれないが、そうではない。朝永振一郎が著した『科学者の自由な楽園』（岩波文庫）において、戦前の理研時代でとられていた、研究費や研究時間に自由裁量が大きかった事実を高く評価していたことを思い出そう。理研のやり方は、「研究に対する義務心を起こさせ、研究意欲を煽るものはない」と言えるもので、そのため「良心が黙っていられなくなる」ことになるのだから、「研究をさせるためには、人間の良心を安心させてはいけない」と、朝永は総括している。

事実、国立大学において曲がりなりにも経常研究費が保証されていた一九六〇〜一九九〇年代は、大学や学会全体の学問レベルが高かった。その結果、当時成された仕事が二〇〇〇年代以降になってノーベル賞を多く受賞するのに結びついたのである。突出して優秀な業績には必ずその背後に多くの優れた仕事の蓄積があり、そのような土壌があってこそ学問は豊かな実りをもたらすのである。

ところが、二〇〇四年の国立大学の法人化を境にして「選択と集中」政策が大学の研究現場に持ち込まれ、経常研究費は「バラマキ」として急速に減額される一方、競争的資金を獲得しなければ研究が続けられなくなった。また、一九九〇年代から奨励されていた産学共同は、二〇〇〇年を過ぎる頃には大学人のタブーの意識も薄れ、工学部を中心として本格的に推進されるようになった。そうなると研究費を外部から稼げる分野（陽の当たる分野）では、文科省から支給される経常研究費よりもっと多額の研究費を産学共同や競争的資金を通じて手にするようになった。一般には研究者にとって、研究費の多寡は研究の自由度に比例するような気がするもので、研究費が多ければ自分の思い通りの研究ができると思い込む。しかし、それが現実には必ずしも研究にとってプラスの作用をしていないのである。

その理由の一つは、研究資金の継続性の問題で、いずれの研究費も長くて五年、短いと二〜三年ごとにケリを付けねばならず、結果を出すのが義務として課せられることである。もう少し継続して研究を深めたいと思っても、終了時期が来れば中途半端なまま打ち切らざるを得ず、欲求不満になってしまう。そうならないためには、期日通りに結果が出せる、研究資金の金額に見合った義務的な問題に限ればいいということになる。朝永が、厳しく管理すると「形式的な義務を果たしただけで、自分の義務は全部済んだという気になってしまう。そこで良心が安心してしまうというわけで、さらに新しい意欲は湧かない」と書いているが、そのような風潮が普通になってしまうのである。とはいえ、研究資金を確保し続けるためには研究を続けねばならず、特許も取らねばならないから、ひたすら義務的な研究に邁進するしかないという状態に追い込まれる。自由な研究の楽しみから縁遠くなっていくのである。

もう一つの理由は、競争原理がどんどん厳しくなり、いつ蹴落とされて研究費がストップになってしまうかわからないのだから、研究資金が稼げる間に研究論文を稼いでおこうという気持ちに追い込まれることだ。現実には産学共同では研究テーマの大枠は決まっているし、競争的資金で公募される研究課題は指定されているものが多いから、研究内容に大きな自由度があるわけではなく、非常に優れた論文に結びつくというわけにはいかない。自分は特別な存在でなく、いつ取り換えられるかわからない。自分もそのことをよく承知しているから、研究費が確保できている間に落ちこぼれないよう、それなりのレベルの仕事を重ねねばならない。教授に昇り詰めたら、今度はポストを維持するために学部生や大学院生をこき使ってデータを出させて成果とするのだが、それを維持し続けるためにも研究費を絶やすわけにはいかない。とにかく、自分が生き残るためには研究資金は多ければ多いほどよい。というわけで社会的な事柄にも目もくれず、研究以外のことには全く無関心となって、世間知らずの社会オンチの研究者が多くなっているのである。

つまり、研究費がそれなりに潤沢にあっても安心できず、もっと研究費を獲得して自分の地位を盤石なものにすることばかりに専念するようになるのだ。また、競争的資金をいくら稼いでも、必ず期限がついているから遠い将来まで考えることができず、心理的には「その日暮らし」の気分に追い詰められており、いつも焦っている精神状態にある。新しい仕事を始めたいと思っても、今得ている資金は目的が決まっているから流用することができない。そんなことで満足する仕事ができるはずがないことは自分自身が最もよく知っているから、今の状態を充実した研究生活とは言えない。しかし、現在のような競争社会では仕方がない、まだ研究費が得られるだけいい方だ、と自分を諦めさせているのが実情なのである。そのような心理状態では、たとえ軍事研究であっても研究費をさらに確保しておくために応募しようという気になる。そもそも「何のための、誰のための学問か」というような研究の原点などは考えなくなっているからだ。

このような心境は、経常研究費がなくなって期限付きの競争的資金に頼らざるを得ず、厳しい競争原理の下で気が抜けない状態に追い詰められてがんばっているのだが、研究そのものに人生をかけられる状態ではない、というジレンマに似た心的矛盾に類似している。まさに現在の日本人が置かれている心理状態を如実に反映しているのではないだろうか。

5　特許に関連して

特許と研究発表

産学共同による委託研究では、特許と関連した研究発表の自由の問題に直面してなっており、学問のあり方について問題が投げかけられている。産学共同は、一般に産業界が解決すべき技術的課題を投げかけ、研究者はそれに対する解決策を提案してテストし、巧く機能することがわかると特許を取って独占の権利を押さえて、それから本格的な開発を行なうという段取りになる。特許の帰属を企業にするのか大学側にするのかについては、通常「共同開発研究契約書」あるいは「協定書」などで予め決めておくのが普通である。

ところで、大学側の研究者は、特許の帰属がいかあれ、可能な限り早く論文として発表したいと望むものである。研究者の世界で最も重要なことは、一刻も早く自分の業績が研究者仲間に知られることにあり、論文を早く出版するに越したことはない。むろん、特許取得権を研究者が握っている場合、特許申請をすることによって論文発表前に研究の存在を仲間に知らせることができる。山中伸弥教授のｉＰＳ細胞の場合、正式の論文発表の一年前に特許申請をしていたそうで、研究の概要を周知するとともに先取権を確保しているのである。このようにするのは、権利保護とともに、企業に先を越されると特許が壁となって自由な研究ができなくなるためのようだ。このように、現在では特許が認められる見込みがついてから、おもむろに論文発表がなされて研究の詳細が公表され、それによって他の研究者の追試が実行できるということになる。

つまり、特許との関係によって、実質的な研究内容の公開が遅らされることになり、迅速な研究発表と齟齬が生じるようになっているのである。特許取得権が研究者側にあればまだ二つ（特許申請と論文発表）の時期を調節できるが、企業側にあると問題が生じることがある。特許には通用期限があるから、あまり早過ぎると特許を有効に活かせる期間が短くなるし、遅くなると他者に先を越される心配がある。企業としては、特許を商売上最も効果的に使いたいと思っているのは当然だろう。現存の技術より優れた方式が発明されても、現在の方式で十分儲かっているなら、わざわざ新しい方式を世に出すこともないとして、特許を申請したまま隠匿した事件があったそうで、特許申請時期は論文発表のタイミングとは無縁なのである。そんなことになれば考案した研究者は浮かばれないが、商売が絡むとそういう非情なことも起こり得るのだろう。産学共同で「産」と「学」が対立したら、研究資金を提供した「産」の方が強いのは当然で、研究者は泣き寝入りすることが多い。

軍学共同でも同じ事態が起こると想像される。いや、問題はもっと深刻になる。というのも、防衛装備庁は「技術協力」にしろ「安全保障技術研究推進制度」にしろ、成果の公表前には必ず防衛装備庁の書面による確認（技術協力）または装備庁への通知（安全保障技術研究推進制度）が必要であり、これには当然特許申請も含まれるから、たとえ知財権が「学」に帰属するとしても装備庁の同意が得られなければ申請できないということを意味する。さらには、特定秘密保護法を盾にして特許を取らせない挙に出る可能性もあるだろう。いくらそうすることはないと装備庁が公募要領で約束しても、いざとなれば防衛大臣の権限で発動できるのが特定秘密保護法なのである。

そもそも軍事研究には秘密は付きものであり、特許については産学共同とは正反対の立場と考えておくべきだろう。産学共同の場合は、特許によって技術の中身が知れ渡ることが目的であり、特許は不可欠であり目標でもある。それに対し、必然的に軍事機密に関係する軍学共同は、本来的に特許とは水と油の関係なのだから。

特許を巡る問題

産学共同において、既に特許と学問の論理とが対立している問題が生じている。博士課程の大学院生が提出した学位申請論文に、その研究で開発した試薬の記述とか実験の手順の部分が、特許に関係するというので黒塗りにするということが起こっているのだ。むろんこれは一例なのだが、企業からの委託研究で大学院生が具体的な実験を請け負い、その成果を博士論文として発表したいと望むことは稀ではない。その場合、まだ特許が取れていないので詳細は公表できないのだが、学位申請時期に間に合わせるためには公表する必要がある。この矛盾が黒塗り箇所のある論文の提出というわけである。博士論文の公聴会は誰にも公開され、公表の場となっている。果たして、黒塗りのままの論文でよいのか、特許申請より先に公表していいのか、という問題となっているのである。

また、産学共同に関連して不明朗事件が起こっている。例えば、企業との共同研究の契約内容が多種多様であるためか、一般に大学はあまり関与せず、教員と企業の間の交渉に任されていることが多い。委託契約や教員への寄付金収入・委託経費は大学に届け出る義務はあるものの、支出の詳しい報告まで強制できず、悪く言えば金の使い方は野放しになっている。むろん、ほとんどが研究のために使用されている。

とはいえ、そのようなシステムを悪用して企業からの委託契約があったように見せかけて、その経費を私的に流用していたという不正事件が発生した。産学共同に伴う不明朗事件である。この事件は例外ではなく、実際には、このような事例は暴かれないまま、多く起こっているのではないだろうか。

では、以下のような場合はどうであろうか。原発の専門家への電力業界からの寄付金や薬品会社からの医師への寄付金は莫大であるが、その使用は教員の自由に任されている。そのような寄付金を受けている教員が審議会委員になって、原発や薬品に関わる問題の議論に加わっている場合、どのような発言をしているかは推して知るべし、だろう。いくら研究のために寄付金を使っていると言っても、寄付者の意向に沿う発言とならざるを得ないと思うからだ。私はこれも産学共同に起因する不明朗事件と見なしている。そう言われるのが厭なら、審議会委員を辞退すればいいのである。

先の、研究発表と特許の関係や企業からの資金の流れも含めて、外部資金の受け入れを審議するための委員会を大学として設置する必要があるだろう。そこでは「産学共同統一契約書」のような文書を定めて、それを全ての産学共同の事案に適用するのである。その内容として、特許申請の関係においての研究発表の時期、博士課程の院生の成果の公表、産学共同の開始と終了の明確な定義、産学共同への参加者の確定と経費配分、企業からの寄付金や委託経費の大学への届け出と使用内訳の公開、などを明示すればどうだろうか。産学共同がなし崩しに的に拡大され、大学が「知の企業体」となってしまうことを危惧するからである。

そして、この委員会では、当然防衛省の委託研究制度のみならず、産学共同の形をとった軍事研究についてもチェックするようにすればいかがだろうか。むろん、巧妙な申請のために事前に実情を見抜くのは困難かもしれない。しかし、事後に軍事研究に絡んでいることが発覚すれば、大学としてその研究者にペナルティーを科し、供与された研究資金を返上させるようにする、という案も考えられる。大学として産学共同そのもの、そして産学共同に名を借りた軍事研究に関して厳しく対応していかねばならない。そんな状況を迎えていることは確かなのだから。

終　章　「国家安全保障戦略」と科学技術政策の関係

本書の最後に、再び「安全保障」という名目で学術の場が軍事に動員されようとしている状況をまとめておこう。

「第5期科学技術基本計画」の「国及び国民の安全・安心の確保と豊かで質の高い生活の実現」の項の「④国家安全保障上の諸課題への対応」には

我が国の安全保障を巡る環境が一層厳しさを増している中で、国及び国民の安全・安心を確保するためには、我が国の様々な高い技術力の活用が重要である。国家安全保障戦略を踏まえ、国家安全保障上の諸課題に対し、関係府省・産学官連携の下、適切な国際的連携体制の構築も含め必要な技術の研究開発を推進する。その際、海洋、宇宙空間、サイバー空間に関するリスクへの対応、国際テロ・災害対策等技術が貢献し得る分野を含む、我が国の安全保障の確保に資する技術の研究開発を行う。なお、これらの研究開発の推進と共に、安全保障の視点から、関係府省連携の下、科学技術について、動向の把握に努めていくことが重要である。

と書かれている。この文章では、「安全保障の確保に資する技術の研究開発」において大学等の研究開発への参加を想定していることがわかる。さらに、「関係府省・産学官連携の下、必要な技術の研究開発を推進」と述べているのだが、「関係府省」とは防衛省と文科省(大学)、「産学官」とは文科省(大学)と経産省、それぞれの連携を念頭に置いた軍学共同と産学共同と読むことができる。

ここで「国家安全保障戦略を踏まえ」とあるのは、二〇一三年一二月に閣議決定された「国家安全保障戦略」のことで、そこでは「技術力の強化」として

デュアル・ユース技術を含め、一層の技術の振興を促し、我が国の技術力の強化を図る必要がある。技術力強化のための施策の推進に当たっては、安全保障の視点から、技術開発関連情報等、科学技術に関する動向を平素から把握し、産学官の力を結集させて、安全保障分野においても有効に活用するように努めていく。

と書かれ、ここにデュアルユース技術という言葉が登場する。民生技術を軍事用に取り込むこ

との重要性を強調し、やはり産学官に重点を置いた記述となっている。

さらに「科学技術イノベーション総合戦略二〇一七」（以下、「総合戦略二〇一七」）において書かれている、より具体化され政策化されつつある項目の狙いについてまとめておく。ここでは、「第5期科学技術基本計画」の記述をそのまま踏襲しているのだが、さらに「［A］基本的認識」、「［B］重きを置くべき課題」、「［C］重きを置くべき取組」と書き分けている。まず［A］で現状を簡単に整理して問題点を総論的に示し、［B］で重要課題を絞り込み、［C］で概算要求化できそうな項目を具体的にピックアップして関係する省庁名までも記載している。だから「総合戦略」というより、予算編成への「戦術」に近いと言えるが、科学技術に関わる問題の司令塔としての総合科学技術・イノベーション会議（CSTI）の役割を意識しての戦術提言として読むことができる。

まず、「総合戦略二〇一七」でも「国及び国民の安全確保……」の項目で安全保障問題を取り上げているが、「第5期科学技術基本計画」のあっさりした記述から、詳細かつ具体的な記述になっており、力の入れ具合が異なってきていることがわかる。最初の前文の部分で

第5期基本計画の社会的課題の一つには「国家安全保障上の諸課題への対応」が位置付け

られているため、安全保障関係の技術開発動向を把握し、俯瞰するための体制強化とともに国及び国民の安全・安心を確保するための技術力の強化のための研究開発の充実が求められる。

とある。文章の後半部で「安全・安心を確保するための技術力の強化のための研究開発の充実」と踏み込んでおり、軍学共同を積極的に推進するよう強調している。ここでは「安全・安心を確保するための技術力」と言っているが、これは「安全保障のための軍事力」に他ならず、「安全・安心のため」と言えば何ごとでも受け入れてしまう心情を巧みに利用しようというわけだ。その心情に付け込んで、軍事研究の強化を謳っているのである。

そして「国家安全保障上の諸課題への対応」が、ほぼ二ページにわたって書かれており、数行であった「第5期科学技術基本計画」を大きく上回る記述となっている。

まず「〔A〕基本的認識」では、

我が国の優れた科学技術を国家安全保障上の諸課題への対応には幅広く活用していく必要がある。

技術力は国及び国民の安全・安心を確保するための基盤ともなっている。このため、関係府省・産学官の連携の下、国家安全保障上の諸課題に取り組むために必要な技術の研究開発を推進することも重要である、

と、国家安全保障上の諸課題に対応する(取り組む)ためには、科学技術の活用と技術の研究開発の推進が必要と言っている。科学技術つまり技術力=軍事力を強化して国(及び国民)を守るとともに、それをより強化していかなければならない、と主張しているのである。

以上の認識に立って、「[B]重きを置くべき課題」では、

(1) 科学技術の変化により安全保障を巡る環境にもたらされる影響の調査・分析を含め、俯瞰するための体制強化が必要、

(2) 対象とする技術には、海洋、宇宙空間、サイバー空間といった新たな領域への対応に必要な科学技術や、技術情報の流出防止のための技術など幅広く考える、

(3) 我が国が保有する安全保障に資する技術を幅広く活用し、民生分野における科学技術イノベーションを促進すること、

（4）これらの科学技術情報は、安全保障を維持していくため、大学や中小企業を含めた研究開発主体等において適切な管理がなされるよう、支援・指導していく必要、

と、新しい提案が成されている。ここでは、特に海洋・宇宙・サイバー空間が軍事力増強の重要なターゲットであること（そのための技術力の向上）を強調するとともに、大学や中小企業が研究開発主体に入って来ることから、技術情報の流出防止に留意することも力説しており、軍事情報に必然化する秘密保持が問題となってくるというわけだ。

以上から、「［C］重きを置くべき取組」において実行体制などを検討事項として掲げており、それを述べておこう。

（1）の項目の関連では、「国内外の科学技術に関する動向を把握」するだけでなく、「科学技術の育成について検討」を行ない、「安全・安心の確保に資する技術力強化のための研究開発の充実を図る」とある。要するに、軍事力の整備を科学技術の全面にわたって行なう体制を整えるべきということである。

（2）と（4）の項目については、軍事研究が大学・公的研究機関・企業（特に中小企業）へと広がっていくに従い、「技術情報流出」の危険性が大きくなると予想されるので、その防止強化

のための措置を検討すべきというものだ。それには「安全保障貿易管理」の取組促進とともに、大学・公的研究機関等が「機微な技術を組織内において適切に管理するための体制整備」を支援することを提案している。大学の研究者が軍事研究に携わると、当然「研究の秘密」の問題が出てくることは明らかで、大学の自治や学問の自由に対する重大な阻害要因になることが懸念される。

（3）では、デュアルユース技術の利用を積極的に行なうため、軍事技術として活用できる「先進的な民生技術についての基礎研究を推進」するとともに、「開発サイクルの早い民生技術の短期実用化への取組の推進」も勧告している。「技術的優位」をもたらす技術の、前者は長期的開発、後者は短期的開発を考えているのだろう。

総合戦略は毎年改訂されて出されることもあって比較的短い期間での取り組みを提示しており、提案された項目について概算要求化され、実際に履行されるものもある。科学者の軍事研究が、どのような方向に持っていかれそうかを予想する上では、詳しく点検しておく必要があるのでは、と思っている。

以上、「国家安全保障戦略」が科学技術政策とどのように関係しているかを、総合科学技術・イノベーション会議（CSTI）がまとめた二つの文章から探ってみたが、いよいよこれから本格化するという感が深い。科学の軍事化に対する抗いは正念場を迎えているのである。

なお、政府から出される文章には、当たり前のように「国及び国民の安全・安心」と書かれている。「国の安全・安心」が第一であり、「国民の安全・安心」は二番目でしかなく、「国家優先」なのである。これが国民に自然のうちに刷り込まれ、国家主義的な発想に馴らされていくのだろうか。私たちは言葉遣いに敏感であらねばならないと思う。

参考文献

小沼通二著「軍事研究に対する科学者の態度――日本学術会議と日本物理学会(4)」『科学』二〇一七年六月号、岩波書店

森本敏著『防衛装備庁――防衛産業とその将来』海竜社、二〇一五年

アーネスト・ヴォルクマン著、茂木健訳『戦争の科学――古代投石器からハイテク・軍事革命にいたる兵器と戦争の歴史』主婦の友社、二〇〇三年

バリー・パーカー著、藤原多伽夫訳『戦争の物理学――弓矢から水爆まで兵器はいかに生みだされたか』白揚社、二〇一六年

朝永振一郎著、江沢洋編『科学者の自由な楽園』岩波文庫、二〇〇〇年

あとがき

軍学共同反対の運動を二〇一四年に開始してから丸三年が経った。この間、とりわけ二〇一六年六月から約一〇カ月の間毎月開催された日本学術会議の「安全保障と学術に関する検討委員会」の傍聴に出かけつつ、「軍学共同反対連絡会」を起ち上げてその打ち合わせの会議や講演会や記者会見などに参加して実に忙しい時間を過ごすことになった。とりわけ、二〇一六年六月に科学者と軍事研究との関わりを書いた前著『科学者と戦争』を出して以来、まとまった形で本を書く時間がとれないでいた（雑誌などへの短い文章はたくさん書いたのだが）。運動で体を動かすというよりは、机に向かって文章を書いている方が自分の任に合っていると思っている私としては、一年半に五〇回以上もの講演で少々欲求不満の状態を抱えていた。講演のテーマは軍学共同の問題が六割で、他のテーマとして大学問題や科学の現状、反原発やリニア新幹線問題、学生への科学倫理の講義や三鷹市の市民大学（計七回）なども頼まれ、それぞれ新しく勉強すべきことも多くそれなりに楽しくやれたが、やはり落ち着いて本を書く生活に戻りたいと渇望してきた。

ところで、日本学術会議が「軍事的安全保障研究に関する声明」を出して以来、軍学共同の問題はひとまず各大学や研究機関そして学協会などがいかなる判断をして対応するかに場面は移ることになった。ひとつの区切りの時を迎えたのである。そこで、前著から一年半の間にどのような動きがあったかをまとめ、今後どのような方向にこの問題を展開していくべきかを考えたいと思い、続編を書くことを考えた。幸い、岩波新書編集部長の永沼さんもこれに同意され、新たな標題はそのものズバリの『科学者と軍事研究』にしてはどうかとの提案をいただいたこともあって、「安全保障技術研究推進制度」の二〇一七年度の採択結果が発表される八月に原稿を書き始めることとなった。実は、これと全く関係しない『江戸の宇宙論』という標題で地動説を日本で広めるのに功があった司馬江漢の生涯に関する文章を書きたいと思って、少し手を付けていたのだが、依然として軍事研究についての講演依頼も多く、その書き物は後回しにして本書の執筆に取り掛かることにしたのである。というより、私の頭には軍学共同に関する諸問題が刷り込まれてしまい、それを何らかの形で吐き出さないと、全く別の仕事が始まらない状態であったのだ。

というわけで、八月に入ってから原稿に取り掛かったのだが、少し慌てることになった。科学者の軍事研究に関わることのほとんどは前著に書いたこともあって、とてもじゃないが原稿の枚数が稼げないことに気が付いたのである。そのため、アメリカのＪＡＳＯＮ《ジェイソン》機関のことや大西隆前日本学術会議会長との手紙のやり取りを書いてみたのだが、全体の流れにすんなりと入ってこないので(折角書いたのだが)省かざるを得なかった。それでは何を書くべきだろうと考えたが、なかなか思いつかない。なんと私は底の浅い、薄っぺらな人間であることか、と思い悩むことになった。

しかし、ツラツラ考えているうちに、安倍晋三が首相になって以来、「日本再興戦略」とか「総合戦略」などと称する文章を乱発していることに気が付いた。おそらく、ほとんどの人は、これら「××戦略」と仰々しく書かれた文章を見ておられない(あるいは無意味な作文だと思って無視されている)と思われるのだが、実際に安倍首相はそれに従って政治や経済の方針を立てているようなのだ。そこで私は、「政府はこんなことを考えて予算を立てて既成事実を積み上げていますよ」ということを人々に知らせる必要があると考え、それらの中で大学や科学に関わる部分を拾い出してみることにしたのである。安倍首相が抱いている大学や科学に対する姿勢が少しでもわかっていただければ、私の苦肉の策も生きるというものである。それらも含め、安倍内閣の科学技術政策、そして軍事優先政策の本質が炙り出されていれば幸いである。

この本を仕上げてから少し気持ちに余裕があったので、加計学園問題について調べてみることにした。この問題は、もっぱら安倍首相の旧友に対する利益供与がやり玉に挙がっており、事実そうなのだが、もう一つ別の側面もあるのではないかと予感していた。軍事研究と絡むのではないか、という疑いである。もはや現代の軍隊では司令官が馬に乗って威張る時代ではないから、軍における獣医師の重要度は低くなっていることは確かだろう。だから軍馬に絡むことではなさそうで、さて獣医学部と軍事研究との結びつきはどこにあるのだろうと考えていたのである。そのヒントは、石破茂が獣医学部を大学に設置するに当たって付けた条件「新しいニーズ」に「生物化学兵器対応」が付け加わったことで得られた。「人獣共通感染症」の治療と感染症対策や創薬のための「動物実験の重要性」を強調することで、生物化学兵器の実験・開発・対応などを担う獣医学部の設置という側面があるのではないか、というわけである。このことは「ハフィントンポスト日本版二〇一七年一〇月二〇日号」に書いたのだが、このような形で軍学共同が進められる可能性があると指摘した。いろいろな形での軍事研究が進行していく気配で、また本書の続編を書かねばならないかもしれない。

「軍事力」という国家が一番に頼りにする暴力装置にたいして、「科学者の軍事研究反対」として対抗するのはまさに「蟷螂の斧」のようなものなのだが、私たち「軍学共同反対連絡会」の面々は意気軒昂である。私たちが市民に対して働きかければ強い同意の反応が得られ、科学者の軍事研究に対して批判的な市民が多いことを実感するからだ。日本国憲法の平和主義は、やはり多数の市民の心に染み込んでいる真正直な心情であり、それは簡単には覆らないと信じている。私たちは、そのような思いに力を得て運動を展開し、それなりの手応えを得ており、それが運動を継続する力の源泉となっていることは確かである。これによって、少しでも科学者の軍事研究への参画が抑制され、学問の原点が守られることを期待している。そして、そのような学問の伝統を固守することは、日本の未来に必ず益すると考えている。

そのような願いを具体的な本の形にし、本書の校閲もしていただいた岩波書店の永沼浩一氏に深く感謝する。

二〇一七年一二月

池内　了

池内　了

1944年兵庫県生まれ
総合研究大学院大学名誉教授，名古屋大学名誉教授
専攻 ― 宇宙論・銀河物理学，科学・技術・社会論
著書 ―『科学者と戦争』『疑似科学入門』ともに岩波新書，『科学の考え方・学び方』岩波ジュニア新書，『科学のこれまで、科学のこれから』岩波ブックレット，『大学と科学の岐路 ―― 大学の変容、原発事故、軍学共同をめぐって』リーダーズノート出版，『科学・技術と現代社会』みすず書房，『物理学者池内了×宗教学者島薗進 科学・技術の危機 再生のための対話』合同出版，ほか多数

科学者と軍事研究　　岩波新書（新赤版）1694

2017年12月20日　第1刷発行

著　者　池《いけ》内《うち》　了《さとる》

発行者　岡本　厚

発行所　株式会社 岩波書店
〒101-8002 東京都千代田区一ツ橋 2-5-5
案内 03-5210-4000　営業部 03-5210-4111
http://www.iwanami.co.jp/

新書編集部 03-5210-4054
http://www.iwanamishinsho.com/

印刷・精興社　カバー・半七印刷　製本・中永製本

ISBN 978-4-00-431694-7　　Printed in Japan

岩波新書新赤版一〇〇〇点に際して

ひとつの時代が終わったと言われて久しい。だが、その先にいかなる時代を展望するのか、私たちはその輪郭すら描きえていない。二〇世紀から持ち越した課題の多くは、未だ解決の緒を見つけることのできないままであり、二一世紀が新たに招きよせた問題も少なくない。グローバル資本主義の浸透、憎悪の連鎖、暴力の応酬——世界は混沌として深い不安の只中にある。

現代社会においては変化が常態となり、速さと新しさに絶対的な価値が与えられた。消費社会の深化と情報技術の革命は、種々の境界を無くし、人々の生活やコミュニケーションの様式を根底から変容させてきた。ライフスタイルは多様化し、一面では個人の生き方をそれぞれが選びとる時代が始まっている。同時に、新たな格差が生まれ、様々な次元での亀裂や分断が深まっている。社会や歴史に対する意識が揺らぎ、普遍的な理念に対する根本的な懐疑や、現実を変えることへの無力感がひそかに根を張りつつある。そして生きることに誰もが困難を覚える時代が到来している。

しかし、日常生活のそれぞれの場で、自由と民主主義を獲得し実践することを通じて、私たち自身がそうした閉塞を乗り超え、希望の時代の幕開けを告げてゆくことは不可能ではあるまい。そのために、いま求められていること——それは、個と個の間で開かれた対話を積み重ねながら、人間らしく生きることの条件について一人ひとりが粘り強く思考することではないか。その営みの糧となるものが、教養に外ならないと私たちは考える。歴史とは何か、よく生きるとはいかなることか、世界そして人間はどこへ向かうべきなのか——こうした根源的な問いとの格闘が、文化と知の厚みを作り出し、個人と社会を支える基盤としての教養となった。まさにそのような教養への道案内こそ、岩波新書が創刊以来、追求してきたことである。

岩波新書は、日中戦争下の一九三八年一一月に赤版として創刊された。創刊の辞は、道義の精神に則らない日本の行動を憂慮し、批判的精神と良心的行動の欠如を戒めつつ、現代人の現代的教養を刊行の目的とする、と謳っている。以後、青版、黄版、新赤版と装いを改めながら、合計二五〇〇点余りを世に問うてきた。そして、いままた新赤版が一〇〇〇点を迎えたのを機に、人間の理性と良心への信頼を再確認し、それに裏打ちされた文化を培っていく決意を込めて、新しい装丁のもとに再出発したいと思う。一冊一冊から吹き出す新風が一人でも多くの読者の許に届くこと、そして希望ある時代への想像力を豊かにかき立てることを切に願う。

（二〇〇六年四月）

政治

- 日中漂流 — 毛里和子
- 共生保障〈支え合い〉の戦略 — 宮本太郎
- シルバー・デモクラシー 戦後世代の覚悟と責任 — 寺島実郎
- 憲法と政治 — 青井未帆
- 18歳からの民主主義 — 岩波新書編集部編
- 検証 安倍イズム — 柿崎明二
- 右傾化する日本政治 — 中野晃一
- 外交ドキュメント 歴史認識 — 服部龍二
- 日米〈核〉同盟 原爆、核の傘、フクシマ — 太田昌克
- 集団的自衛権と安全保障 — 豊下楢彦・古関彰一
- 日本は戦争をするのか — 半田滋
- アジア力の世紀 — 進藤榮一
- 民族紛争 — 月村太郎
- 自治体のエネルギー戦略 — 大野輝之
- 政治的思考 — 杉田敦

- 現代日本の政党デモクラシー — 中北浩爾
- サイバー時代の戦争 — 谷口長世
- 現代中国の政治 — 唐亮
- 日本の国会 — 大山礼子
- 戦後政治史〔第三版〕 — 石川真澄・山口二郎
- 〈私〉時代のデモクラシー — 宇野重規
- 大臣〔増補版〕 — 菅直人
- 生活保障 排除しない社会へ — 宮本太郎
- 「ふるさと」の発想 — 西川一誠
- 政治の精神 — 佐々木毅
- 「戦地」派遣 変わる自衛隊 — 半田滋
- 民族とネイション — 塩川伸明
- 昭和天皇 — 原武史
- 集団的自衛権とは何か — 豊下楢彦
- 沖縄密約 — 西山太吉
- ルポ改憲潮流 — 斎藤貴男
- 吉田茂 — 原彬久
- 戦後政治の崩壊 — 山口二郎

- 市民の政治学 — 篠原一
- 東京都政 — 佐々木信夫
- 有事法制批判 — 憲法再生フォーラム編
- 日本政治 再生の条件 — 山口二郎編著
- 安保条約の成立 — 豊下楢彦
- 岸信介 — 原彬久
- 自由主義の再検討 — 藤原保信
- 海を渡る自衛隊 — 佐々木芳隆
- 一九六〇年五月一九日 — 日高六郎編
- 日本の政治風土 — 篠原一
- 近代の政治思想 — 福田歓一

岩波新書より

社会

- 歩く、見る、聞く 人びとの自然再生　宮内泰介
- 対話する社会へ　暉峻淑子
- 悩みいろいろ　金子勝
- 魚と日本人 食と職の経済学　濱田武士
- ルポ 貧困女子　飯島裕子
- 鳥獣害 動物たちと、どう向きあうか　祖田修
- 科学者と戦争　池内了
- 新しい幸福論　橘木俊詔
- ブラックバイト 学生が危ない　今野晴貴
- 原発プロパガンダ　本間龍
- ルポ 母子避難　吉田千亜
- 日本にとって沖縄とは何か　新崎盛暉
- 日本病 長期衰退のダイナミクス　金子勝・児玉龍彦
- 雇用身分社会　森岡孝二
- 生命保険とのつき合い方　出口治明

- ルポ にっぽんのごみ　杉本裕明
- 鈴木さんにも分かるネットの未来　川上量生
- 地域に希望あり　大江正章
- 世論調査とは何だろうか　岩本裕
- フォト・ストーリー 沖縄の70年　石川文洋
- ルポ 保育崩壊　小林美希
- 多数決を疑う 社会的選択理論とは何か　坂井豊貴
- アホウドリを追った日本人　平岡昭利
- 朝鮮と日本に生きる　金時鐘
- 被災弱者　岡田広行
- 農山村は消滅しない　小田切徳美
- 復興〈災害〉　塩崎賢明
- 「働くこと」を問い直す　山崎憲
- 原発と大津波 警告を葬った人々　添田孝史
- 縮小都市の挑戦　矢作弘
- 福島原発事故 被災者支援政策の欺瞞　日野行介
- 日本の年金　駒村康平

- 食と農でつなぐ 福島から　塩谷弘康・岩崎由美子
- 過労自殺〔第二版〕　川人博
- 金沢を歩く　山出保
- ドキュメント 豪雨災害　稲泉連
- ひとり親家庭　赤石千衣子
- 女のからだ フェミニズム以後　荻野美穂
- 〈老いがい〉の時代　天野正子
- 子どもの貧困Ⅱ　阿部彩
- 性と法律　角田由紀子
- 〈ヘイト・スピーチ〉とは何か　師岡康子
- 生活保護から考える　稲葉剛
- かつお節と日本人　宮内泰介・藤林泰
- 家事労働ハラスメント　竹信三恵子
- 福島原発事故 県民健康管理調査の闇　日野行介
- 電気料金はなぜ上がるのか　朝日新聞経済部
- おとなが育つ条件　柏木惠子
- 在日外国人〔第三版〕　田中宏
- まち再生の術語集　延藤安弘

岩波新書より

現代世界

岩波新書より

生物進化を考える	木村資生
宇宙論への招待	佐藤文隆
大地の微生物世界	服部　勉
クマに会ったらどうするか	玉手英夫
馬は語る	沢崎　坦
宝石は語る	砂川一郎
動物園の獣医さん	川崎　泉
星の古記録	斉藤国治
分子と宇宙	木原太郎
物理学とは何だろうか　上・下	朝永振一郎
相対性理論入門	内山龍雄
人間であること	時実利彦
人間はどこまで動物か	アドルフ・ポルトマン 高木正孝訳
植物たちの生	沼田　真
栽培植物と農耕の起源	中尾佐助
ゴリラとピグミーの森	伊谷純一郎
動物と太陽コンパス	桑原万寿太郎
生命の起原と生化学	オパーリン 江上不二夫編
科学の方法	中谷宇吉郎

宇宙と星	畑中武夫
数学の学び方・教え方	遠山　啓
現代数学対話	遠山　啓
数学入門　上・下	遠山　啓
無限と連続	遠山　啓
数の体系　上・下	彌永昌吉
原子力発電	武谷三男編
物理学はいかに創られたか　上・下	アインシュタイン インフェルト 石原　純訳
零の発見	吉田洋一

岩波新書／最新刊から

1681 出羽三山 ―山岳信仰の歴史を歩く 岩鼻通明 著
修験の聖地、羽黒山。「雲の峰幾つ崩て月の山」と芭蕉が詠んだ主峰、月山。秘所、湯殿山。〈お山〉の歴史と文化を案内。

1682 アウグスティヌス ―「心」の哲学者 出村和彦 著
ヨーロッパの哲学思想に多大な影響を与えた「西欧の父」。知への愛と探究をとおしてキリスト教の道を歩んだ生涯を描く。

1683 生と死のことば ―中国の名言を読む 川合康三 著
自分の老い、その先の死、身近な人たちの死にどう向き合うか。孔子、荘子、曹操、陶淵明など先哲、文人がのこしたことばから探る。

1684 日本問答 田中優子・松岡正剛 著
日本はどんな価値観で組み立てられてきたのか。デュアル思考で、日本の内なる多様性の魅力を発見する。侃侃諤諤の知の冒険！

1685 メディア不信 ―何が問われているのか 林香里 著
世界同時多発的にメディアやネットの信憑性に注目が集まる時代。独英米日の比較を通して、民主主義を蝕む「病弊」の実像に迫る。

1686 ルポ 不法移民 ―アメリカ国境を越えた男たち 田中研之輔 著
一一三〇万もの不法移民が存在するアメリカ。彼らはどんな人たちなのか？ともに働くことで見えてきた、不法移民たちの素顔。

1687 会計学の誕生 ―複式簿記が変えた世界― 渡邉泉 著
複式簿記から、貸借対照表、損益計算書、キャッシュ・フロー計算書まで、八〇〇年にわたる会計の世界を帳簿でたどる入門書。

1688 東電原発裁判 ―福島原発事故の責任を問う― 添田孝史 著
津波の予見は不可能とする東京電力の主張は果たして真実なのか。未曽有の事故の責任をめぐる一連の裁判をレポートする。

(2017. 12)